国家职业技能鉴定教材

网络管理员

主　编　杨传军

编　者　杨传军　邢宇光　李　红　张拥军　王志坤
　　　　张建设　周兴旺　昌义柱　王富燕

主　审　王　洪

中国劳动社会保障出版社

WANGLUO　GUANLIYUAN

图书在版编目(CIP)数据

网络管理员/劳动和社会保障部教材办公室组织编写. —北京：中国劳动社会保障出版社，2005

国家职业技能鉴定教材

ISBN 7-5045-5244-5

Ⅰ.网… Ⅱ.劳… Ⅲ.计算机网络-职业技能鉴定-教材 Ⅳ.TP393

中国版本图书馆 CIP 数据核字(2005)第 101429 号

中国劳动社会保障出版社出版发行

(北京市惠新东街1号 邮政编码：100029)

出版人：张梦欣

*

北京金明盛印刷有限公司印刷装订 新华书店经销
787 毫米×1092 毫米 16 开本 7 印张 138 千字
2005 年 11 月第 1 版 2012 年 6 月第 6 次印刷
定价：12.00 元

读者服务部电话：010-64929211/64921644/84643933
发行部电话：010-64961894
出版社网址：http://www.class.com.cn

版权专有 侵权必究
举报电话：010-64954652
如有印装差错，请与本社联系调换：010-80497374

前　言

《中华人民共和国劳动法》明确规定，国家对规定的职业制定职业技能鉴定标准，实行职业资格证书制度，由经过政府批准的考核鉴定机构负责对劳动者实施职业技能鉴定。

1994年以来，劳动和社会保障部职业技能鉴定中心、劳动和社会保障部教材办公室、中国劳动社会保障出版社组织有关方面专家、技术人员和职业培训教学管理人员实施教材建设，编写出版了涉及机械、电子、交通、建筑、商业、农业、饮食服务业等国民经济支柱产业中近80个通用职业（工种）的《职业技能鉴定教材》（以下简称《教材》）和《职业技能鉴定指导》（以下简称《指导》），对于推动职业技能鉴定工作，提高职业技能培训质量发挥了积极的作用。

2000年，国家实行在规定的职业（工种）中持职业资格证书就业上岗制度，并陆续颁布了《国家职业标准》（以下简称《标准》）。为满足广大劳动者取得职业资格证书的迫切要求，劳动和社会保障部教材办公室和中国劳动社会保障出版社在总结以往《教材》和《指导》编写经验的基础上，依据《标准》和市场需求，组织编写了计算机网络管理员职业的《教材》和《指导》。

《教材》以相应的《标准》为依据，内容上力求体现"以职业技能为核心、以职业活动为导向"的指导思想，坚持"考什么、编什么"的原则。结构上采用模块化方式，按照职业等级（网络管理员、高级网络管理员、网络管理师）编写。每一学习单元对应于《标准》中的一项职业功能，均包括专业知识和操作技能两部分。在基本保证知识连贯性的基础上，力求浓缩精练，突出针对性、典型性、实用性。

《指导》包括学习要点、知识试题、技能试题及参考答案等内容，并配有知识和技能考核模拟试卷，是对《教材》的补充和完善，是沟通培训与考核的桥梁。

《教材》和《指导》均以《标准》规定的申报条件为编写起点，有助于准备参加考核鉴定的人员掌握考核鉴定的范围和内容，适合各级鉴定机构和培训机构组织考前强化培训和申请参加技能鉴定的人员自学使用，对于各类职业技术学校师生、相关行业技术人员均有重要的参考价值。

本书由杨传军、邢宇光、李红、张拥军、王志坤、张建设、周兴旺、吕义柱、王富燕编写，杨传军主编；王洪主审。

编写《教材》和《指导》有相当的难度，是一项探索性工作。由于时间仓促，缺乏经验，不足之外在所难免，恳切欢迎各使用单位和个人提出宝贵意见和建议。

劳动和社会保障部教材办公室

目 录

CONTENTS 《国家职业技能鉴定教材》

第一部分　维护机房环境

第一单元　机房环境专业知识 ……………………………………（3）

第一节　电源设备的操作与管理 ……………………………………（3）

第二节　空调设备的操作与管理 ……………………………………（9）

第二单元　机房环境维护操作技能 ………………………………（13）

第二部分　维护通信线路

第三单元　通信线路专业知识 ……………………………………（19）

第一节　通信线路的基本知识 ………………………………………（19）

第二节　通信线路的常见故障 ………………………………………（24）

第四单元　维护通信线路操作技能 ………………………………（27）

第三部分　维护网络设备

第五单元　网络设备维护的专业知识 ……………………………（33）

第一节　网络运行状况的监视 ………………………………………（33）

第二节　网络设备的维护和保养 ……………………………………（38）

第六单元　维护网络设备操作技能 …………………………………（ 41 ）

　第一节　对网络运行状况的监测 ……………………………………（ 41 ）

　第二节　常用网络设备的日常维护与保养 …………………………（ 50 ）

第四部分　服务器和网络终端设备的维护

第七单元　服务器和网络终端维护的专业知识 ………………………（ 55 ）

　第一节　网络终端设备的安装与配置 ………………………………（ 55 ）

　第二节　服务器的维护与保养 ………………………………………（ 60 ）

　第三节　计算机病毒的防治 …………………………………………（ 66 ）

　第四节　网络基本服务的监视 ………………………………………（ 69 ）

第八单元　服务器和网络终端设备维护的操作技能 …………………（ 75 ）

　第一节　网络终端设备的安装与配置 ………………………………（ 75 ）

　第二节　服务器常见故障排除实例 …………………………………（ 99 ）

　第三节　计算机病毒的防治 …………………………………………（101）

　第四节　网络实用工具命令的使用 …………………………………（103）

第一部分

维护机房环境

学习目标:

1. 正确、熟练掌握机房内小型电源设备的开关方法,了解机房电源系统的常见故障,并能够及时发现电源系统故障。

2. 正确、熟练掌握机房内空调设备的开关方法,能够及时发现空调系统的设备故障。

第一单元
机房环境专业知识

第一节 电源设备的操作与管理

一、机房电气系统的要求

1. 供配电系统的要求

机房供电系统为机房内设备提供电源，电源的质量直接影响设备的运行情况。影响电源质量的因素有不规则停电、电力不足、电压瞬变、电压过高、接触不良、电网频率不稳、地线松动或接地处过于干燥等。这其中电压瞬变对设备运行的危害最大。这些情况的发生都会使设备的元器件处于恶劣的工作状态，并可能导致损坏。由此可见，供电系统的稳定性和可靠性至关重要。

计算机机房的供配电系统通常采用市电直接供电和 UPS 不间断电源供电等方式。市电直接供电是指将市电送至机房配电柜后，直接分送到各个计算机终端和网络的其他设备。这种供电方式具有实现简单、设备投资少、运行维护方便等特点，但是，对电网的质量要求较高，易受电网波动的影响。UPS 不间断电源具有稳压、稳频、抗干扰等功能，可以有效地降低电网波动带来的影响。而且，UPS 最大的优点在于当市电突然停电时，它还可以继续对计算机系统和设备提供一段时间的供电，使人们有时间保存数据和信息或及时启动备用电源系统，如柴油发电机等。为了保证计算机工作稳定可靠，数据安全准确，必须根据实际需要配备相应的 UPS 电源，并考虑充分的余量。UPS 电源和计算机发展有密切关系，建立一个稳定的供电系统对于任何一个用户都是十分必要的，因此，有越来越多的 UPS 电源被使用在计算机机房中。

在《电子计算机机房设计规范》GB 50174—93 第六章中对计算机机房的电气环境要求有相应的规定，包括机房供配电、照明、静电防护和接地等要求。以下简要分析其中一些相关内容。

2. 配电、电磁、静电防护及防雷接地要求

（1）配电要求

1）电源质量等级　计算机机房用电负荷等级及供电要求应按现行的《供配电系统设计规范》执行。规范将供电电源质量根据计算机的性能、用途和运行方式（是否联网）等情况，划分为A、B、C三级（见表1—1）。

表1—1　　　　　　　　　　供电电源质量分级

项　目	A级	B级	C级
稳态电压偏移范围（%）	±2	±5	7～13
稳态频率偏移范围（Hz）	±0.2	±0.5	±1
电压波形畸变率（%）	3～5	5～8	8～10
允许断电持续时间（ms）	0～4	4～200	200～1 500

2）不间断电源系统供电　当计算机供电要求具有下列情况之一时，应采用交流不间断电源系统供电。

① 对供电可靠性要求较高，采用备用电源自动投入方式或柴油发电机组应急自启动方式等仍不能满足要求时。

② 一般稳压稳频设备不能满足要求时。

③ 需要保证顺序断电以安全停机时。

④ 计算机系统采用实时控制时。

⑤ 计算机系统联网运行时。

3）主机房内应分别设置维修和测试用电源插座，两者应有明显区别标志。测试用电源插座应由计算机主机电源系统供电，其他房间内应适当设置维修用电源插座。

（2）电磁要求

通信设备的计算机系统属于低电平系统。所以它们在电磁环境中以受扰为主，计算机的工作频段在150 kHz～500 MHz之间，与广播电视、移动通信、雷达和医疗设备等的工作频段相同，致使通信设备工作在一个相当复杂的电磁环境中，存在着被干扰与被破坏的可能。

通信设备本身是一个干扰源，会干扰其他设备，同时又是一个能接收外界干扰的接收机。设备工作时产生宽频带和窄频带的干扰信号，通过空间辐射或导线传导方式发射出来，对计算机自身电路和其他设备产生干扰。计算机内许多敏感电路也容易受外界空间电磁场的干扰，当干扰信号足够强时，会使计算机发生错误动作，引起差错。

对电磁辐射干扰的防护需注意以下几点：

1）在通信设备的计算机设计、制造过程中，必须严格执行EMC的技术要求，采取相应的抑制技术，使计算机自身的电磁辐射控制在标准规定的限值内，以防止对外辐射干扰。

2）计算机机房活动地板下部的电源线应尽可能远离计算机信号线，

并避免并排敷设。当不能避免时，应采取相应的屏蔽措施。

3）设计屏蔽机房，防止计算机辐射扩散。

（3）静电防护要求

静电会损害半导体逻辑电路，使设备产生误操作，损害设备本身，也会对操作者产生危害。

对静电防护应采取的措施有：

1）基本工作间不用活动地板时，可铺设导静电地面，导静电地面可采取导电胶与建筑地面粘牢的方式，其导电性能应长期稳定，且不易积尘。

2）主机房内采用的活动地板可由钢、铝或其他阻燃性材料制成。活动地板表面应是导静电的，严禁暴露金属部分。单元活动地板的系统电阻应符合现行国家标准《计算机机房用活动地板技术条件》GB 6650—86 的规定。

3）主机房内的工作台面及坐椅垫套材料应是导静电的。

4）主机房内的导体必须与大地做可靠的连接，不得有对地绝缘的孤立导体。

5）导静电地面、活动地板、工作台面和坐椅垫套必须进行静电接地。

6）静电接地的连接线应有足够的机械强度和化学稳定性。导静电地面和台面采用导电胶与接地导体粘接时，其接触面积不宜小于 10 cm^2。

7）静电接地可以经限流电阻及自己的连接线与接地装置相连，限流电阻的阻值宜为 1 MΩ。

（4）防雷接地要求

雷电入侵计算机机房的方式一般有三种：第一种是供电线路和架空用户线引入雷击；第二种是铁塔避雷针产生的二次雷击。避雷针的作用是引雷入地，但是因为这一过程时间短，电流强，就会在引线周围产生一个强大的电磁场，附近的导体感应会产生几十伏左右的电压，造成设备损伤；第三种是天馈线引起的感应雷击，当避雷针产生二次雷击效应时，顺流而下的天馈线首当其冲，这可能会损坏信号收发设备端口。

对于防止雷电入侵，可采取的措施有：

1）计算机机房电源进线应按现行标准《建筑物防雷设计规范》(GB 50057—94)*，采取防雷措施。电子计算机机房电源应采用地下电缆进线。当不得不采用架空进线时，在低压架空电源进线处或专用电力变压器低压配电母线处，应装设低压避雷器。

2）计算机机房接地装置的设置应满足人员安全及电子计算机正常运行和系统设备的安全要求。

---

* 2000 年 10 月，由国家机械工业局设计研究院会同有关单位进行了局部修订（第六章为新加条文，原附录五改为附录八，原附录六改为附录九）。

3）计算机机房应采用下列四种接地方式：

①交流工作接地，接地电阻不应大于 4 Ω。

②安全工作接地，接地电阻不应大于 4 Ω。

③直流工作接地，接地电阻应按计算机系统具体要求确定。

④防雷接地，应按《建筑物防雷设计规范》执行。

4）交流工作接地、安全保护接地、直流工作接地、防雷接地等四种接地宜共用一组接地装置，其接地电阻按其中最小值确定。若防雷接地单独设置接地装置时，其余三种接地宜共用一组接地装置，其接地电阻不应大于其中最小值，并按《建筑物防雷设计规范》的要求采取防止雷击措施。

5）计算机系统的接地应采取单点接地并宜采取等电位措施。当多个电子计算机系统共用一组接地装置时，宜将各电子计算机系统分别采用接地线与接地体连接。

二、电源设备的操作规程

1. UPS 电源设备的安装调试

随着信息社会的发展、计算机的空前普及，计算机对其供电电源的质量提出了较高的要求，UPS 作为计算机的一种供电电源随着计算机的普及而逐渐被广大计算机用户所认识和重视。如图 1—1 所示，是目前常见的几种 UPS 电源。

图 1—1 常用 UPS

选购好合适的 UPS 后就要对其进行安装，UPS 安装质量的好坏直接影响 UPS 系统的正常运行，为了更好地发挥 UPS 电源性能，必须充分重视 UPS 电源的安装质量。一般来讲，安装 UPS 时必须要对 UPS 的使用环境、电网情况、负载容量及特性、接地情况、配线及开关容量等因素进行考察。

（1）使用环境

UPS 对温度、湿度等环境条件的要求：

1）工作温度：0～40℃。

2）相对湿度：5%～95%，无凝露。

3）落尘：周围环境应保持清洁，减少有害灰尘对内部线路的腐蚀。

4）结构：UPS 长延时配置时，由于蓄电池较重，应考虑地板承重能力。

5）空间：应保证技术人员在维护 UPS 时，有一定的操作空间。

(2) 电网情况

在安装 UPS 前应了解电网电压波动范围、停电频率等问题，如有必要应在 UPS 前级增设稳压器等保护措施，如在雷电多发区，还应加装避雷器。

(3) 接地情况

为了确保 UPS 稳定可靠地工作，防止寄生电容耦合干扰，保护设备及人员安全，UPS 必须接地良好。接地电阻应小于 4 Ω，且交流串扰小于 2 V。

(4) 配电要求

安装 UPS 时，应充分考虑设备的交流输入、输出和蓄电池等因素，以选取合适的接线材料和线径。UPS 一般都安装在室内，且距离负载较近，故一般都采用铜芯线连接，但导线截面必须符合安全标准，满足电压降和温升等要求。当距离较远时，应重点考虑电压降，然后再考虑温升。距离较近时，电压降很小，应重点考虑温升指标。

(5) 空气开关、插座容量的选择

对于 UPS 交流输入端的空气开关和插座应根据 UPS 功率来选择。

(6) 安装、调试

安装 UPS 并不复杂，安装 UPS 时，根据说明书进行即可。安装时应注意线路的极性，避免接错。

对于已经安装好的 UPS，应在空载情况下，按以下步骤进行调试（以在线式 UPS 为例）：

1）开负载，用万用表测量市电是否正常，对长延时机型还应检查外接电池电压是否正常。一切正常后，首先接上外接电池，再接上市电，观察 UPS 面板指示。正常情况下应为旁路工作模式，用万用表测量 UPS 输出电压，应为市电电压。

2）按下 UPS 开机键，观察 UPS 面板显示，应为市电逆变工作模式，用万用表测量 UPS 输出应为 220 V 稳压、稳频交流电。

3）断开市电输入，此时应有嘀嘀声，观察 UPS 面板显示，应为电池逆变状态，用万用表测量 UPS 输出电压应为 220 V 稳压、稳频交流电，此时说明市电掉电后，是由 UPS 蓄电池在逆变供电。

4）接上市电约 5 min，观察 UPS 面板显示应为市电逆变供电模式。说明在电池逆变供电情况下，市电恢复正常后供电转为市电逆变供电。

5）按下关机键，观察 UPS 面板显示，应为市电旁路供电模式，测量 UPS 输出电压应为市电电压。

6）断开市电输入，此时 UPS 没有输出，面板也无显示。按下开机键，电池可以逆变供电，说明可实现电池冷启动开机。

通过以上空载调试，可以证明 UPS 各项功能正常，在不超过 UPS 负载功率的情况下，可正常工作。

2. UPS 电源设备操作规程及注意事项

安装好的 UPS 要采用正确的维护手段，以更好地保护系统，并延长 UPS 的使用寿命。

（1）操作规程

1）按照正确的开机、关机顺序进行操作。避免因负载突然变化导致 UPS 电源的电压输出波动过大，以致使 UPS 电源无法正常工作。

2）禁止频繁地关闭和开启 UPS 电源。要求在 UPS 电源关闭后，等待一段时间后才能再次开启 UPS 电源。否则，UPS 电源可能进入"启动失败"的状态。

3）定期清除 UPS 电源内的积尘，测量蓄电池组的电压，更换不合格的电池，检查风扇运转情况等。

4）对非免维护式蓄电池，应定期检查，控制电源温度不要过高，保持蓄电池内液面高度并及时补充液体。

5）如果一台 UPS 电源连接多台负载设备，则应顺序间隔接通电源，以免负载同时启动时电流过大损坏电源的零部件。

（2）注意事项

1）电源的摆放应避免阳光直射，并留有足够的空间以便通风散热。

2）大多数 UPS 都装有报警开关，其作用是市电中断时提醒用户注意，以及蓄电池过量放电时发出报警，故在使用过程中要把蜂鸣器开关打开。

3）对 UPS 电源的蓄电池组充电时严禁超过其额定电流，以免因电流过大造成蓄电池可供使用容量下降，以致损坏蓄电池。

4）严禁对 UPS 电源的蓄电池组过度放电，以免因过度放电导致蓄电池的内阻增大，甚至产生"反极"现象，造成电池的永久性损坏。

5）长期不用的 UPS 电源，在重新开机使用之前，最好先不要加负载，让 UPS 电源利用机内的充电回路对蓄电池浮充电 10～15 h 以后再用。

6）长期工作在后备状态的 UPS 电源，通常应每隔一段时间（如 2～3 月）让其处于逆变器状态工作至少 2～5 min。

7）不应在 UPS 输出端口接带有感性的负载。

8）禁止超负载使用，UPS 电源的最大启动负载最好控制在 80% 之内，如果超载使用，在逆变状态下，可能会击穿逆变三极管。对于绝大多数 UPS 电源而言，将其负载控制在 30%～60% 额定输出功率范围内是最佳工作方式。

9）使用 UPS 电源时，应遵守厂家的产品说明书的有关规定，保证所接的火线、零线、地线符合要求，用户不得随意改变其接线顺序。

10）后备式 UPS 应注意，其前级不宜加带有大阻抗元件的交流稳压器，因为它会造成后备式 UPS 的供电转换时间的明显增加，可能造成计算机在运行时产生错误的自检启动，使数据丢失。

11) 在线式 UPS 应注意，它不宜在电池组内阻变化很大的情况下开机运行，不宜带负载开机或带负载关机。

12) UPS 不宜由柴油发电机供电，因柴油发电机供电频率不够稳定，会影响 UPS 的正常运行。

第二节 空调设备的操作与管理

一、机房环境的特点和要求

1. 机房环境的特点

由于计算机内不少器件是大规模或超大规模集成电路，而这些集成度相当高的电路器件在运行时局部发热量很大，热量如果不能及时散发，将导致机柜或机房内温度迅速升高，过高的温度不仅会降低计算机系统的可靠性，严重时，将影响计算机的运算过程甚至损坏计算机设备。

机房内的环境调节不同于其他环境，主要表现在以下方面。

(1) 热负荷强度高

一般环境热负荷强度为 200 W/m^2 左右，而大型机房由于装机密度大，热负荷强度高达 400~580 W/m^2，甚至更高。即使装备中小型计算机的机房或者大量使用微型计算机的办公室的热负荷强度一般也达到 290~400 W/m^2。

(2) 温度要求稳定

计算机机房不仅要求温度的波动幅度不得超过规定的范围，而且对温度变化的梯度有明确的要求，这是由计算机内电子器件的物理特性决定的，温度稳定要求如果不能得到满足，将直接影响计算机的运行。

(3) 气流组织形式多样

与舒适型空调设备不同，一些计算机的设计要求冷风从机柜的底部进入，吸热后的空气从顶部排出。

(4) 洁净度高

从某种意义上说，计算机机房就是一种洁净空调环境。理论上，较高的洁净度将更有利于计算机系统的安全运行和延长设备的寿命。

(5) 全年供冷运行

由于计算机机房的热负荷强度高，当维护机构的制冷量明显低于机房内的发热量时，即使在冬季，机房仍然需要空调系统进行供冷运行，这一现象在放置大型计算机系统的机房中比较多见。

(6) 可靠性高

不少计算机系统，尤其是大型系统，需要进行不间断的运行，这就要求其工作环境要长期保持稳定。

(7) 温度较低

机房温度一般要求保持在 23℃ 左右。

2. 机房内环境对设备的影响

(1) 机房温度

计算机机房温度过高、过低或温度变化率过大,都会对计算机设备产生直接影响。温度过高会使电子芯片的穿透电流成倍增大,引起PN结的温度进一步升高,易损坏器件,还会改变电阻值、电解电容器的容量、晶体振荡器主频。据统计,温度每升高10℃,计算机的可靠性要下降25%。温度过高时,磁介质、磁头等精密器件会因热胀产生记录错误。大中型机房对温度的要求比较高。

温度过低会使记录介质的性能变差,加速损坏;会使绝缘材料变硬、变脆,从而导致其机械强度下降,漏电可能性增大;还会加速印刷电路板的损坏。

(2) 机房湿度

机房的湿度过高或过低同样会对计算机产生不良影响。湿度过高,如达65%以上时,会在元器件表面吸附一层0.01 μm左右的水膜,使接插件氧化和生锈,造成接触不良;湿度过低时机房中的活动部件因摩擦易产生静电,静电荷大量积聚时电子芯片易被击穿,磁盘带静电后将吸附灰尘,损坏磁头,划伤盘面。

(3) 机房空气洁净度

机房空气洁净度指的是机房中空气的洁净程度,空气中有害物主要指空气尘埃和有害气体。尘埃落入磁盘将损坏磁头,划伤磁盘,落入光盘则会使光驱读取数据时产生错误。计算机元器件吸附尘埃过多,既降低元器件的散热能力,又降低元器件间的绝缘性能,严重时会造成短路,使接插件接触不良。现代工业城市空气中含有大量有害气体,如二氧化硫、硫化氢、一氧化碳、二氧化氮、臭氧等,不但危害工作人员的身体健康,对计算机设备也有很大的腐蚀作用。而这种腐蚀往往是破坏性的。

(4) 机房空气新鲜度

为保护机房中工作人员的身体健康,必须保证机房的空气新鲜度,要不断补充新鲜空气。

3. 机房环境指标的要求

我国的国家标准中对机房环境指标做了以下要求:

(1) 开机时机房的温度、湿度要求(见表1—2)

表1—2　　　　开机时机房的温度、湿度要求

级别项目	A级		B级
	夏季	冬季	全年
温度	(23±2)℃	(20±2)℃	18～28℃
相对湿度	45%～65%		40%～70%
温度变化率	<5℃/h 并不得结露		<10℃/h 并不得结露

(2) 停机时机房内的温度、湿度要求（见表1—3）

表1—3　　　　　停机时机房的温度、湿度要求

级别项目	A级	B级
温度	5～35℃	5～35℃
相对湿度	40%～70%	20%～80%
温度变化率	<5℃/h 并不得结露	<10℃/h 并不得结露

(3) 记录介质库的温度、湿度要求（见表1—4）

表1—4　　　　　记录介质库的温度、湿度要求

品种	卡片	纸带	磁带		磁盘	
			长期保存已记录的	未记录的	已记录的	未记录的
温度	5～40℃		18～28℃	0～40℃	18～28℃	0～40℃
相对湿度	30%～70%	40%～70%	20%～80%		20%～80%	
磁场强度			<3 200 A/m	<4 000 A/m	<3 200 A/m	<4 000 A/m

(4) 粉尘

主机房内的空气含尘浓度，在表态条件（电子计算机机房空调系统处于正常运行状态，计算机系统已安装，室内无生产人员的情况）下测试，每升空气中大于或等于 0.5 μm 的尘粒数，应少于 18 000 粒。

二、空调设备的操作规程

1. 空调系统的操作规程

安装普通的空调系统不能满足机房对环境的要求，近年来，各生产厂家分别生产出符合机房环境要求的机房空调系统。

《电子计算机机房设计规范》中对机房空气调节的相应规定如下。

(1) 主机房和基本工作间，均应设置空气调节系统。

(2) 对设备布置密度大、设备发热量大的主机房，宜采用活动地板下送上回的送风方式。采用活动地板下送风时，出口风速不应大于 3 m/s，送风气流不应直对工作人员。

(3) 空调系统和设备选择应根据计算机类型、机房面积、发热量及对温度、湿度和空气含尘浓度的要求综合考虑。空调制冷设备的制冷能力，应留有 15%～20% 的余量。

(4) 当计算机系统需长期连续运行时，空调系统应有备用装置。

2. 空调设备维修保养的一般要求

应对计算机机房空调设备的维护保养工作建立完善的检查制度并制定相应的操作规范，以确保空调系统的稳定运行。如运行检查制度、月度保养、季度保养、年度保养制度等。

应按照相应的制度和规范定期或不定期地检查空调系统的运行状况，这其中应包括以下内容。

(1) 检查空调电源是否正常

若空调主机断电,不能启动,可检查与空调设备连接的供电系统是否正常;若供电系统正常,则检查空调设备的电源线缆和所连接的熔断装置是否正常;若以上几个部分均正常,则可能是空调设备本身的电路出现了故障。

(2) 检查空调设备制冷是否正常

若空调设备不能正常制冷,应检查空调的工作模式是否正确;若工作模式正确,仍不能正常制冷需检查环境温度是否与空调设定温度一致;若上述情况均正常,则可能是空调中的制冷剂有泄漏,需要补充制冷剂或空调设备的制冷系统本身有故障。

(3) 清洁空气滤网

应定期或不定期地清洁空气滤网,以免因灰尘和脏物过多引起通风不畅,制冷效率降低等情况的发生。

(4) 其他注意事项

在空调系统的使用过程中,还应注意以下一些事项:噪声是否过大、有无异响、有无异味等。

对于以上所列对空调系统的检查、维护和保养的各项要求,计算机机房的管理人员应做到:定期按要求进行检查,及时准确发现运行异常及系统故障并及时报告相关人员,做好计算机系统及网络的维护和备份工作,在空调系统发生故障时采取适当的应急措施等。

第二单元
机房环境维护操作技能

一、电源系统常见故障检测

1. 常见故障诊断方法

对于电源系统的常见故障的诊断可采用直观法或测量法。

（1）直观法

直观法就是通过电源系统的表象直观地判断故障发生的类型、故障部位、影响范围和程度等。例如，电源系统故障后可能导致照明中断、空调系统停机、计算机的宕机、通信中断、UPS 逆变供电等。通常市电中断后，UPS 电源就开始逆变供电。可以通过观察 UPS 工作状态、UPS 电源指示灯的状态、UPS 电源发出的警告音来判断市电是否中断。市电中断也常常伴随着照明的中断或空调系统的停机等现象。当 UPS 电源系统故障后，可以通过直观的目测来发现 UPS 电源内部器件的故障。例如，可以通过目测检查 UPS 电源内熔断器、电路板、其他电子元件有无烧焦、变形、脱落、开焊或虚焊、断线或短路等情况，判断故障的部位和排除的方法。

（2）测量法

测量法就是利用工具测量故障可疑单元或电源系统的各个关键点的性能数据，将测量得到的数据与电源系统的标称值进行比较从而判断故障部位或元器件是否损坏。例如，可以用万用表等测量工具，测量故障可疑部位元器件的电压、电阻和电流等数据。用测量法判断电路或元器件是否损坏，首先要知道该部位或元件正常时的标称值及参数的变化范围等。用测量法时，要注意测量和测试的环境及测试规范要求。应考虑被测元器件的电气隔离，即应考虑电路或其他电气环境对测量数据的影响。因测量和测试可能在带电情况下进行，故应注意保证电器安全和人身安全。

通常，对可疑部位或可疑元器件的故障判断要先通过直观法大致定位，然后再通过测量法进一步确定。如有必要，可将可疑元器件做电气隔离或将其从电路中摘除后再进行测量。

2. UPS 电源故障分类

按照 UPS 各部分的组成，可将 UPS 电源故障分成以下几类：

(1) 蓄电池组故障

蓄电池是 UPS 的一个重要组成部分。目前，UPS 电源广泛采用的是无需维护的密封式铅酸蓄电池，它的价格大约占 UPS 成本的 1/5～1/4，而由于蓄电池故障引起 UPS 不能正常工作的情况约占 UPS 电源故障的 1/3。判断蓄电池组是否有故障，不但要看它的端电压是否正常，更要看其是否提供 UPS 正常工作的放电电流。

(2) 整流充电器故障

整流充电器常发生的故障是输入开关跳闸，无直流输出造成电流过度放电，直流输出不可调整等。出现这些问题时，首先检查直流熔丝，看是否烧坏。若无损坏，接着检查蓄电池，如果测得的电压非常低，则说明电池过度放电，可能是充电器有问题。

(3) 逆变器及控制电路故障

故障现象是市电供电时，UPS 正常；市电不正常时，UPS 不能转换为逆变供电状态。

(4) 静态开关故障

故障现象是静态开关转换失灵，且大多出在控制电路上。

3. UPS 电源的常见故障

(1) 市电正常时，UPS 工作正常，市电中断后，UPS 没有输出，这是 UPS 电源最常见的故障之一。造成此故障的原因很多，但电池和逆变供电电路发生故障的可能性较大。可以通过测量电池组的端电压来判断电池是否故障。对出现故障的电池要进行更换。若更换后不久又出现同样的问题，则可能是充电电路有故障。

(2) 市电正常时，UPS 逆变供电，其原因可能是连接市电的交流熔断器损坏或市电电压检测电路故障。

(3) UPS 逆变电压达不到额定值，原因可能出在脉冲宽度调节电路或逆变功率放大电路上。

(4) 电器元件损坏。这种故障并不常见。可以通过观察法或测量法进行判断。可通过察看各元件外观有无开裂、脱落、漏液等情况来判断。也可用万用表测量各个元器件的电气参数来判断。

(5) 电池亏电。UPS 无法启动，多数是因为电池电量不足。可取下 UPS 外壳，用万用表直接测量电池组的端电压，如果低于额定电压的 60%，可以认为电池缺电。要注意空载和负荷时的区别，如果没启动 UPS 的时候电池电压比较高，一旦启动电池电压就变得很低了，这同样是电池亏电的表现。

(6) 电池的插接头和机内变压器的输出插接头松动。前者造成 UPS 无法在停电时正常工作，后者会引起报警而且无法供电。

二、机房专用空调故障检测方法

1. 仔细观察空调器各部件的工作情况，其中应重点观察制冷系统、电气系统、通风系统三部分，判断它们工作是否正常。

（1）观察制冷系统各管路有无裂缝、破损、结霜与结露等情况。观察制冷管路之间、管路与壳体等有无相碰或摩擦，特别是制冷剂管路焊接处、接头连接处有无泄漏。因为凡泄漏处就会有油污（制冷系统中有一定量的冷冻机油），所以也可用干净的软布、软纸擦拭管路焊接处与接头连接处，观察有无油污，以判断是否出现泄漏。

（2）观察电气系统熔丝是否熔断，电气导线的绝缘是否完整无损，电路板有无断裂，连接处有无松脱等。特别是系统中接线螺钉、插接件极易松脱造成接触不良，因此观察电气连接是否良好尤其重要。

（3）观察通风系统的空气过滤网、热交换器盘管和翅片是否积尘过多，进风口、出风口是否畅通，风机与扇叶运转是否正常，风力大小是否正常等。

2. 通电开机，仔细听空调器压缩机运转声音是否正常，有无异常声音，风扇运转有无杂音，噪声是否过大等。空调器在运行中，正常情况下振动轻微、噪声较小，一般在 50 dB 以下。如果振动和噪声过大，可能原因有：

（1）安装不当。如支架尺寸与机组不符，固定不紧或未加减振橡胶、泡沫塑料垫等均可使空调器在运转时振动加剧、噪声变大。尤其在刚启动和停机时表现得最为显著。

（2）压缩机振动异常。底座安装不良，支脚不水平，防振橡胶垫或防振弹簧安装不良或防振效果不佳等。如果压缩机内部发生故障，如阀片破碎等也会造成异常振动。

（3）风扇碰击。风扇叶片安装不良或变形会引起碰撞。风扇可能与壁壳、底盘相碰，风扇的轴心窜动，叶片失去动平衡也会发出撞击声。如果风扇内有异物，叶片与之相碰也会发出撞击声。

3. 用手摸空调器有关部位感受其冷热、振颤等情况，有助于判断故障性质与部位。正常情况下，冷凝器的温度是自上而下逐渐下降，下部的温度稍高于环境温度。若整个冷凝器不热或上部稍有温热，或虽较热但上下相邻两根管道温度有明显差异，则属不正常。在正常情况下，将蘸有水的手指放在蒸发器表面，会有冰冷粘住的感觉。空调的毛细管在正常情况下应有温热感（比环境温度稍高，与冷凝器末段管道温度基本相同），如感到比环境温度低或表面有露珠凝结及毛细管各段有温差等均属不正常。

4. 为了准确判断故障的性质与部位，常常要用仪器、仪表检查测量空调器的性能参数和状态。如用检漏仪检查有无制冷剂泄漏。用万用表测量电源电压、各接线端对地电阻及运转电流是否符合要求。由计算机控制的空调器，还应测量各控制点的电位是否正常等。

5. 经过上述几种检查手段所获得的结果，大多只能反映某种局部状态。空调器各部分之间是彼此联系、互相影响的，一种故障可能有多种原因，而一种原因也可能产生多种故障。

空调器一旦发生故障，用户可先进行初步诊断，以尽快恢复使用，故障严重或短时间不能恢复使用时要尽快找专业人员进行检修。几种常见故障及其初步诊断和排除方法如下：

(1) 当空调无法运行时，用户可以检查电源是否有电，电压的范围是否在 220 V±10% 之内；或者检查遥控器内电池是否有电，设定参数是否正确；还可以检查内机附近有无电磁干扰，例如，日光灯等。

(2) 当感到空调制冷效果不佳时，可以检查门窗是否关紧。过滤网是否清洁，室内外进风口出风口是否通畅，进出风有没有形成短循环等。

(3) 当发现空调滴水、漏水时，应检查排水管是否扭曲、压扁，是否破裂，排水管出口是否浸在水中。

(4) 当感觉空调噪声较大时，应先确认声音是否源自空调，然后检查空调启动或停机时，内机塑料件因温度变化发生胀缩的声音是否正常。

第二部分

维护通信线路

学习目标：

1. 熟练掌握通信线缆的基本知识。
2. 熟悉广域网通信线路，能够分析与排除常见故障。
3. 熟悉局域网通信线路，能够分析与排除常见故障。

第三单元
通信线路专业知识

第一节 通信线路的基本知识

一、常用网络通信线缆特点及应用

计算机网络常用通信线缆包括双绞线电缆、同轴电缆、光缆。双绞线电缆是现在的计算机网络电缆中最常用的一种,它布线灵活、性能优越,因此被广泛采用。同轴电缆在计算机网络中已不常见,它主要用于早期的以太网,用于网速在 10 Mbps 以下的网络中。光缆由于其高速传输的特性,常被用于局域网的主干线缆和广域网线缆。

计算机通信线缆的主要属性有:带填充和无填充、导体规格、屏蔽与非屏蔽、实心或多股导线等。

带填充的电缆其外皮带有一定填充物,在燃烧的时候不会产生有毒气体。无填充电缆在燃烧时会放出有毒气体。

导体规格指电缆内金属导线的直径,通常使用美国电缆规格(American Wire Gauge,AWG)等级度量。AWG 等级越低导线越粗。因此,24 AWG 电缆要比 22 AWG 电缆细。导线越粗导电率和抗衰减特性就越好。

一些电缆通过使用不同层次的包装来屏蔽电磁干扰。屏蔽通常采用箔或铜丝网,其中铜丝网能提供更好的保护。

一条实心导线能提供很好的抗衰减能力,因此能拉得较远,但其柔韧性较差,不宜多次弯折,因此,常被用于永久不被移动的电缆,如用于墙内和天花板内。多股铜线构成导线的电缆可被多次弯曲,但受衰减影响大,因此,多股电缆多被用于较短且有可能被移动的位置,如从墙上信息插座到计算机间的电缆。

下面对计算机网络中常用的通信线缆,即双绞线电缆、同轴电缆、光缆等分别进行说明。

1. 双绞线电缆

双绞线电缆是现代计算机网络最常用的电缆。单根双绞线电缆由内部四对缠绕在一起的绝缘铜线组成，每个线对在单位长度上被缠绕成不同的圈数以避免来自另外一个线对的干扰。

双绞线电缆按照屏蔽特性被分为屏蔽双绞线电缆（Shielded Twisted Pair，STP）和非屏蔽双绞线电缆（Unshielded Twisted Pair，UTP）。屏蔽双绞线电缆带有附加的屏蔽层，它起到保护信号的作用，防止由电动机、电源线和其他的干扰源产生的电磁干扰影响信号传输质量。屏蔽双绞线电缆主要用于令牌环网络，也可用于非屏蔽双绞线电缆（UTP）无法针对干扰提供有效保护措施的部位。屏蔽双绞线按金属屏蔽层数量和金属屏蔽层绕包方式，又可分为金属铝箔双绞电缆（FTP），屏蔽金属箔双绞电缆（SFTP）和屏蔽双绞电缆（STP）三种。

相对于屏蔽双绞线电缆，非屏蔽双绞线电缆的外皮要薄一些，使用也更加普遍。UTP电缆使用100 Ω阻抗的22 AWG或24 AWG铜导线。绝缘皮可以是额定填充或无填充的。

TIA/EIA—T568—A标准定义了对非屏蔽双绞线电缆性能的分级，通常称为分类。高的分类等级表示高的传输速率。不同类电缆间主要差别是每个线对缠绕的紧密程度。

(1) 3类线、4类线

3类非屏蔽双绞线电缆传统上用于电话系统的安装。它也适用于10 Mbps的10 Base—T以太网。3类非屏蔽双绞线不适用于100 Mbps的快速以太网，但适用于100 Base—T4以太网。100 Base—T4是仅有的能使用这种线缆的百兆网络，因为它使用所有的四个线对传输数据，而标准的技术仅使用两个线对。

4类非屏蔽双绞线在性能上高于3类非屏蔽双绞线，可使用于令牌环网络。

(2) 5类线及超5类线

虽然3类、4类线可以用于一些网络中，但大多数局域网安装使用的电缆是5类非屏蔽双绞线电缆，能提供100 Mbps的传输速率。即使是10 Base—T网络，采用5类线也有利于将来升级到快速以太网或其他高速网络。

超5类双绞线电缆，又叫增强的5类双绞线电缆。与普通的5类双绞线电缆相比，它的近端串扰、综合近端串扰、衰减和结构回波损耗等主要性能指标都有较大提高。但其传输带宽仍为100 MHz。

(3) 6类线

它是一个新级别的电缆系统，除了各项性能都有较大提高之外，其带宽将扩展至200 MHz或更高，因此更适用于千兆以太网。目前，市场上众多布线产品生产厂家已经推出自己的6类布线产品，6类线正越来越被用户广泛采用。

不论是超5类还是6类电缆系统，其连接方式仍和现在广泛使用的

RJ45接插模块相兼容。

2. 同轴电缆

同轴电缆作为局域网传输介质出现在20世纪70年代。同轴电缆的衰减特性决定了信号传输的距离，因此它是一个重要的参数。

同轴电缆网络使用总线式结构。由工作站传输的信号在同轴电缆上沿总线的两个方向传输给其他计算机，最终到达电缆两端，总线的每一端必须要有终止器，以消除信号，避免反射。

同其他类型电缆相比，同轴电缆网络的速度被限制在10 Mbps，因此在现在的网络中，同轴电缆已经很少见。同轴电缆在使用中分为粗缆和细缆，分别用于粗缆以太网和细缆以太网。

(1) 粗缆

粗缆以太网采用RG－8/U电缆作为主干电缆。由于比其他电缆粗很多，因此它是衰减最少的同轴电缆，粗缆以太网的电缆段能够达到500 m。

RG－8/U电缆直径尺寸为10.287 mm (0.405 in)，比较沉重且坚硬，不易在边角处弯曲。因此这种电缆通常沿墙根部安装。

粗缆以太网电缆通常为黄色，每隔2.5 m有一个标记用于和计算机的连接。计算机通过独立的收发器电缆与RG－8/U主干电缆连接，主干电缆连接处采用吸血蝠抽头连接器。而收发器电缆的另一端通过附着部件接口（Attachment Unit Interface，AUI）连接计算机的网络接口卡NIC。

(2) 细缆

细缆以太网采用RG－58电缆，相对于RG－8电缆，它比较灵活，可直接连接到计算机上而不需要使用收发器电缆。RG－58电缆直径比RG－8/U小很多，因此传输距离最大只有185 m。

RG－58电缆使用BNC连接器连接到T型连接器，再通过T型连接器连接到计算机的NIC接口。

细缆以太网中每台计算机必须有两条电缆用T型头连接到NIC，总线事实上被分成单独的电缆连接每台计算机和下一台计算机，因此，如果连接每台计算机的两条电缆中的一条中断，总线就会断开，这就造成断点不同侧的系统的网络通信失败。

3. 光缆

光缆使用光脉冲传输计算机生成的二进制信号，因此避免了使用电缆时的一些问题，例如，电磁干扰、地线等。光纤的传输带宽非常大，传输速度可达到上万兆每秒。此外，由于光纤良好的特性，衰减大大减小，这使光纤连接能比铜线跨越更远的距离。光缆通常由纤芯、包层和涂覆层三部分组成。

光缆用于网络的主干线路比较理想，尤其是建筑物间的连接。同时由于不会有电磁辐射，它的安全性更好。

光缆的使用已经有很长的历史，早期的10 Mbps以太网标准就支持它的使用。后来又有 10 Base－F。今天的高速网络更是广泛的使用光缆，如快速以太网（100 Base－FX）、千兆以太网（1 000 Base－FX）、光纤分布式数据接口（FDDI）、异步传输模式（ATM）和光纤通道等。

光纤通常分为多模光纤和单模光纤。它们在几个方面有所不同，最主要的差异是在纤芯和包层的粗细上。

(1) 多模

多模光纤通常额定值是 62.5/125 μm，指的是纤芯的粗细和包层与纤芯在一起的总的粗细，即纤芯和包层的直径。多模光纤的信号由发光二极管（LED）生成，这种光束载有多种波长，因此受色散影响较大，信号没有单模光纤传输距离长，但仍可达到 1 000 m 以上。通常建筑物内部主干和建筑物之间的连接线缆采用多模光纤。

(2) 单模

单模光纤的额定值通常为 8.3/125 μm。光在单模光纤中传输时反射的次数要少于在多模光纤中的反射次数。单模光纤的传输信号由激光器生成，且为单一波长信号。单模光纤的传输距离要远长于多模光纤，适合跨越长距离，因此单模光纤常用于广域网的骨干网络。单模光纤虽特性良好，但比多模光纤昂贵且弯曲半径更大。

二、常用网络通信线缆接口特点及应用

通信线缆接口是现代网络非常重要的一部分，是左右网络性能的重要因素。常见的标准局域网接口包括双绞线电缆接口，如 RJ11 连接器、RJ45 连接器。同轴电缆的连接器，如用于粗缆的吸血蝠抽头、AUI 接口和用于细缆的 BNC 连接器、T 型头。光缆的 ST 连接器、SC 连接器以及其他光纤连接器。

1. 双绞线电缆连接器

双绞线电缆连接器最常用的是 RJ11 连接器和 RJ45 连接器。以下简述这两种连接器的特点。

(1) RJ11 连接器

RJ11（RJ 是 Registered Jack 的缩写）连接器是标准 4 芯电话电缆模块式连接器，它是一种标准的模拟语音接头，广泛应用于电话系统。通常调制解调器上就有这种接口，用以连接电话线。

(2) RJ45 连接器

RJ45 模块式连接器方式在 TIA/EIA－T568A 标准中被定义，它是现代局域网的标准双绞线接头。

T568A 接线方式最早从 USOC（Universal Service Ordering Codes，通用服务分类代码）标准而来，USOC 是美国传统的音频通信最初接线方式，但它不能用于数据通信。AT&T 公司于 1985 年公布了自己的标准，称为 258A。TIA/EIA 于 1995 年将此标准定为 T568B。

T568A 与 T568B 标准接线方式除了绿色和橙色线对被对换外没有其他区别。因此这两种接线方式功能相同，性能相同。连接时只要是电缆两端都使用相同的接线方式即可。

多数情况下，双绞线电缆的连线是直通的，即一个连接器的每一条引针连接到它相对的另一连接器的对应引针。但是，在标准网络中，计算机使用不同的线对来传送和接收数据。当两台计算机直接链接通信时，在一台计算机上生成的信号必须通过双绞线被发送到另一台计算机，传输和接收线对必须发生信号交接，则连接这两台计算机的双绞线两端的连接器的线序不一致。若采用集线器连接计算机，则集线器到计算机之间的双绞线两端的连接器线序一致，因为集线器完成了线序的转换。但若是集线器之间的级连，双绞线电缆的两端也必须使用线序不同的连接器进行交接。

2. 同轴电缆连接器

(1) 吸血蝠抽头

吸血蝠抽头用于粗缆以太网中收发器电缆与电缆主干交接处。吸血蝠抽头是通过在鞘上穿一个小孔后连接到电缆上的一种夹子，它有金属"牙"刺入铜芯用来发送和接收信号。吸血蝠抽头也包括收发器，它用于两端都有 15 引针的 AUI 接口电缆与 NIC 接口的连接。

(2) N 连接器

吸血蝠连接器通常在不需要为每一个计算机截断粗缆以太网电缆的情况下使用。当粗缆以太网不得不有断点时，要使用 N 连接器连接电缆末端。也可使用专用的带电阻器的 N 连接器在总线两端终止总线。

(3) BNC 连接器与 T 型连接器

BNC 接头与 T 型连接器用于细缆以太网的连接。RG－58 电缆使用 BNC 连接器连接到 T 型连接器，再用 T 型连接器连接到计算机内的 NIC。

3. 光缆连接器

通常对于光缆连接器的要求是损耗小、体积小、装拆重复性好、可靠性好、价格便宜。光缆连接器的结构种类很多，大多数都用精密套筒来准直光纤，以降低损耗。

(1) ST 连接器

ST（Straight Tip，ST）被称为直通式连接器，它是一种传统的光缆连接器，呈圆形柱状。ST 连接器用于光缆端点，此时光缆中只有单根光纤，光缆以交叉连接或互连的方式接至光电设备。当该连接器用于光缆交叉连接方式时，连接器置于 ST 连接耦合器中，而耦合器则平装在光纤互连装置或光纤交叉连接分布系统中。ST 连接器插头有陶瓷和塑料两种，陶瓷插头的电气性能稍好一些。

(2) SC 连接器

SC（Subscriber Connector，SC）被称为用户连接器。SC 连接器接头呈方形，通常分为单工连接器和双工连接器两种，连接时也需要插入适配器。使用 SC 连接器只需把方形主体简单地推入插座即可锁定。SC 连接器正在逐渐流行。

(3) 其他光缆连接器

除 ST、SC 等主要连接器外，光纤产品生产商在近几年又推出了一些小型连接器（SFF）。这其中包括 LC 连接器、MT－RJ 连接器、VF－45 连接器等。这些连接器的普遍特点是体积小，对于大容量的光纤端接有优势。但由于各种产品自身标准尚未完全统一，因此互操作性不太好。

小型连接器由于其高密度的端接能力使用越来越广泛，它正成为光纤端接的发展方向。

第二节　通信线路的常见故障

一、通信线路常见故障分类

网络中可能出现的故障多种多样，往往解决一个复杂的网络故障需要广泛的网络知识与丰富的工作经验。由于网络故障的多样性和复杂性，网络故障的分析与解决方法也不尽相同。通信线路出现故障时最常见的现象是线路不通，其常见原因有：线路连接不正确、线路损坏或老化、设备插头误接、插头松动、线路受严重电磁干扰等。

二、故障分析及解决办法

通信线路的故障一般由以下原因导致。

1. 线路连接不正确（下列一些情况将引起该故障）

（1）布线产品不专一

不少布线者常常简单地认为，把"最好"的网络产品组合起来进行布线，就会使网络信号衰减幅度达到最小，达到最佳通信效果。其实这样的认识是不正确的，因为不同厂家的网络产品其内部材料的阻抗是不一样的，阻抗的细微差别都可能对高速网络的信号衰减产生很大的影响，从而影响整个网络系统的通信质量，甚至出现通信不畅现象。

（2）通信线缆一线多用

有时为了节约预算，用一条线缆来同时连接多个设备。例如从双绞线中分出一对线来连接电话，或同时把两对线连接到两个网络接口模块中，这样做看似能提高线缆的利用率，其实对网络效率影响很大。

（3）布线前没有详细规划

布线前的合理规划，能大大提高网络的效率，反之会严重影响网络效率。例如常见的"省事"布线方式之一，就是串接集线器。在某计算机下放一台集线器，然后布线，直到达到 5 类线的最大传输距离，再加第二台集线器……一直串接下去，好处是节省了网线，布线也方便。但结果是：布线中不断的串接增加了信号的衰减程度，造成大量的数据丢包现象。致使网络通信线路故障频频发生。

（4）布线后没有严格测试

施工完成后，除了用常见的"Ping"命令测试网络是否畅通外，最好还要用一些瞬时突发的大吞吐量网络信息交换来进行测试。因为"Ping"命令检查的只是网络是否连通。网络的流量很低时问题不大，但当网络流量很高时，就可能出现很难上网的情况。

当遇到这些情况时，要根据出现故障的原因，采取相应的解决办法。

2. 线路损坏或老化

这是一个较普遍的问题。有线网络线路随使用时间的增长，其表面绝缘、屏蔽层老化，并逐渐失去原有性能。由于输电线路、有线电视线路、控制线路等其他线路的加入对其产生干扰，装修工程、布线工程又可能会对其产生机械损坏，导致线路不通。对于这样的故障，最彻底的解决办法是更换新的线路。但这往往需要很大的开销。在实际中，一般的做法是更换或修复出现故障的那一段线路。

3. 设备插头误接

网络插头的连接和使用都有规范，只有搞清双绞线中每根线的颜色和用途，以及设备之间何种情况使用直通或交叉连接等，才能做出符合规范的插头，否则就会导致网络连接出错。通常，同等设备间直连时使用交叉电缆，不同设备间连接时使用直通电缆。例如，两台计算机之间直接连接应使用交叉电缆，计算机与交换机相连时使用直通电缆。

4. 插头松动

插头松动也是常见的故障。解决的办法可以是将电缆插头拔下后再插紧，再用"Ping"检查，如果连通则故障解决。有时也有可能是线路远离网络管理中心的另一端插头松动，则需要通知对方进行解决。

5. 电磁干扰

网络布线时尽量远离强电线路及相关设备，以防止电磁干扰。若以前正常，突然网络信息失真较大，则需要检查是否有新的干扰源，并排除。一般采用的措施有两种：隔离和屏蔽。接地也是容易实现且行之有效的办法。

三、检查通信线路应注意的问题

在故障排除时，难点在于对故障进行定位，准确的故障定位可以大大缩短排除故障的时间。在检修通信线路故障时，应注意以下的几个问题：

1. 不要忽略显而易见的事情。网络电缆松动是很常见的，应检查插头、连接器、电缆、集线器和开关等，小问题也可能引起大故障。

2. 要注意解决问题的方式方法。应利用每次测试时收集的信息来指导下一步的测试，不要主观臆断故障原因。

3. 排除故障时，应该遵循先查软件、后查硬件的原则。不要一有故障就将精力集中在通信线路上。

4. 当网络中出现故障时，没有明确的理由说这个故障就是通信线路造成的。所以在故障排除时，也应逐步深入，最后才可能定位到通信线路故障上。

遇到网络通信线路不通时，通常的操作流程是：首先"Ping"线路两端的路由器端口，检查两端的端口是否关闭。如果其中一端端口没有响应，则可能是路由器端口故障。如果是近端端口关闭，则检查端口插头是否松动，路由器端口是否处于停止状态。如果是远端端口关闭，则要通知线路对方进行检查。如果线路仍然不通，一种可能是线路中间被切断。另一种可能就是路由器配置出错，可以使用"Traceroute"命令来诊断。

第四单元 维护通信线路操作技能

一、对外互联通信线路

局域网建立起来之后，往往需要与广域网的连接，这种连接比局域网内的连接要复杂得多。

适用于对外互联通信线路的电路电缆有电话线和光纤，电话线由于其安装方便、价格便宜、使用简便而受到欢迎，但其速率受到很大限制。与此同时，光纤正得到越来越广泛的应用。

具体来说，局域网对外互联的形式很多，主要有以下几种：

1. 租用专线

租用专线互联远程局域网是目前最成熟最常用的一种方式。这种方式的优点是技术成熟，覆盖范围广。但是租用专线价格相对要贵一些，提供的服务尤其是故障处理不能令人满意。

2. 利用 X.25 分组交换网互联

利用 X.25 分组交换网互联远程局域网的优点是技术成熟，覆盖范围广，能够提供更多服务，有整套的差错控制方法，但是这种方式的传输速率不高。

3. 利用帧中继实现局域网互联

这也是一种比较常用的互联方式，其传输速率较高。帧中继的流水线特性特别适合局域网的突发性、高速率与大流量数据传输的特点。

4. 利用 ATM 网互联网络

这种方式传输速率高，且能够提供数据和语音业务，支持图像和视频业务，具有较广阔的发展前景。

二、局域网通信线路的基本特点

1. 联网范围较小，一般距离在几百米到几十千米。如公司、校园、厂区或一个建筑物等。

2. 传输速率高。它的传输速率范围为 0.1～155 Mbps。目前，数据传输速率高达 1 000 Mbps 的高速局域网正在发展之中。

3. 误码率低。误码率低至 $10^{-8} \sim 10^{-11}$。
4. 局域网拓扑结构有：总线型网络、星型网络、环型网络等。
5. 局域网的传输介质通常有同轴电缆、双绞线、光纤、无线四种。

典型的局域网在地理范围和数据率方面与广域网的对比，如图4—1所示。

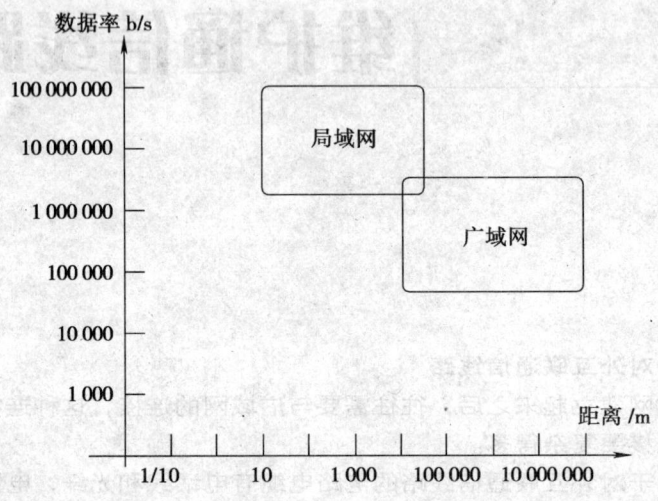

图4—1 局域网与广域网传输特性对比

三、广域网通信线路常见故障检修实例

1. 故障现象

某单位的宿舍楼用户无法访问 Internet。

该单位在市内共有4个宿舍区，出现问题的宿舍区与另外三个宿舍区都是通过光缆连接到中心机房，通过中心机房的设备访问 Internet。连接到中心机房的另外三个宿舍区都可以正常访问 Internet，说明中心机房的网络设备运转正常。而网管人员已经证明宿舍区的网络设备和设置都没有问题，故初步判断故障发生在物理层。

2. 分析与解决

出现上网故障的宿舍区与中心机房是通过一条长约3 000 m的光缆进行连接的。这条光缆刚刚铺设不久，虽然施工单位之前使用 OTDR（Optical Time Division Reflectometer，光纤测试器）对它进行了测试，并提供了完整的报告，但根据经验，这条光缆仍是最值得怀疑的对象。于是对这条光缆重新进行测试。

首先使用光损耗测试仪测试这条光缆的损耗是否在允许范围之内，以此来判断链路是否存在着故障。当来到机房后发现，配线架上面所有的线缆都没有做标识，这给测试带来了很大的不便。为了避免因为盲目地断开连接器而导致业务中断，带来恶劣的影响，首先采用光纤识别器找出连接到故障宿舍区的两根光纤。这种光纤识别器（如图4—2所示）利用光纤的微弯损耗特性，可以在不损害连接的情况下找出正在使用的或特定的光纤，彻底解决了因错误地切断重要光纤连接而产生严重后果的问题。

当把光源和光功率计分别接在中心机房和宿舍区的光纤接头上进行光功率测试时，发现光功率计的读数显示为"UNDER"，这表示从光纤中传输过来的光信号功率太弱，以至于光功率计接收不到信号。于是可以确定这条链路肯定有问题。下面的工作就是要进一步的测试来确定故障的具体位置和原因。

由于连接器接头受到了污物的污染而造成接收端光功率过低，这是光纤链路存在传输故障的主要原因之一。因此，首先使用光纤显微镜对中心机房和宿舍区之间所布的光纤以及两端的光纤跳线的端面进行了检测，未发现端面上有污物存在，可见故障并不是由于连接端面不洁净引起的。

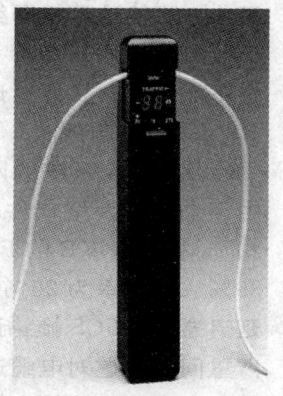

图4—2　光纤识别器

然后，使用了可视故障定位仪分别从链路两端进行测试，这种设备可以发出能够传输5 000 m远的高强度可视激光束，用来查找光纤链路是否存在断裂、过度弯曲和连接故障。在两地分别接入测试仪发出的可视红光，在两端相互观察均没有发现有红光射出，而两地所用的光纤跳线上也没有红光泄漏的现象，说明光纤连接跳线是没有问题的。可以肯定故障点存在于光纤链路上。

之后，再使用一种掌上型OTDR对光纤链路进行单端测试，对故障进行定位。这种最远测试距离为20 000 m的仪器可以以数字的形式表示出光纤链路每个事件点的位置，由于不需要去看复杂的OTDR图形，所以使用起来非常简单方便，是局域网、城域网中传统OTDR的理想替代品。把设备接入光纤链路中，按动测试按钮，仪器显示距离测试端1 630 m处光纤有一故障点。测试另一条光纤时显示同样信息，几乎可以肯定那里的光纤已经因为某种原因遭到损坏，就是它造成宿舍区用户无法上网。

至此，引起网络故障的原因已经找到，应进行光缆修复或更换光缆。

四、局域网通信线路常见故障检修实例

1. 故障现象

某局域网原来使用的是10 M以太网，其工作非常稳定且性能优良，升级后全部更换为100 M以太网设备，出现了大多数站点上网连接速度比系统升级前还慢，有的站点时断时续，有的则根本不能上网的症状。用户总数没有增加，也没有启用大型软件或多媒体应用软件。重装系统软件、应用软件，重新设置服务器与网站，查杀病毒和重置所有联网设备均不奏效。其中，把两台计算机换到另一站点后能正常工作。用笔记本计算机连接到这两个不正常链路的集线器端口上网，也能正常工作。更换这两根网线以后现象依旧。将计算机还原到原位置，更换网卡（原来的网卡商标为 3COM 卡）后恢复正常。由于以太网大多数用户不能工作，只好暂退回到 10 M 以太网系统。

2. 分析与解决

从 10 M 系统的网管上观察，网络的平均流量为 3%，低于 40%，由于未运行大型软件和多媒体软件，应该不会感到任何速度上的"折扣"。将 FLUKE 的 F683 网络测试仪接入集线器端口，测试网络流量为 35%、碰撞率为 23%，远远高于 5% 的健康标准。报告的错误类型有：延迟碰撞、FCS 帧错误、少量本地错误。基本上可以断定是布线系统的严重问题。遂对电缆进行测试，结果显示除了测试点的两根电缆外，其余所有布线链路的衰减和近端串扰均不合格，用 3 类标准测试这些电缆则显示全部合格。查看线缆外包装上印有 Lucent Cat5 的字样，可以断定是仿冒产品。测试两台工作站的链路长度分别是 78 m 和 86 m，测试其网卡端口，显示网卡发射能力（信号幅度）不足，并且测试仪器上没有内置的 3COM 厂商标记显示。

用户在 10 M 以太网环境中不会出现应用上的问题，一旦升级到 100 M 环境时，只有少数短链路能正常使用。对于两台更换地点后能正常工作的计算机，查明链路长度只有 3 m，且为标准的 5 类线（平时此站点用于临时测试）。原地点测试长度为 45 m 和 37 m，由于网卡发射能力弱，信号在 100 M 系统中衰减大，造成上网困难。改在 3 m 链路连接时，衰弱影响小，可以正常工作。网卡测试显示其为仿冒品。

更换正品的网卡和标准 5 类线后故障即排除。

第三部分

维护网络设备

学习目标：

1. 掌握常用网络实用命令工具的使用。
2. 了解网络管理工具的使用方法。
3. 熟悉网络设备的维护常识和日常保养规定。

第五单元
网络设备维护的专业知识

第一节 网络运行状况的监视

一、常用网络实用命令

1. Ping 命令

Ping 命令是用于检测网络连接性、可到达性和名称解析的疑难问题的主要命令。利用 Ping 命令,可以测试一帧数据从一台主机传输到另一台主机所需的时间,从而判断主机的响应时间。通过发送"网际消息控制协议(ICMP)"回响应答消息,来验证与另一台 TCP/IP 计算机的 IP 级连接。回响应答消息的接收情况将和往返过程的次数一起显示出来。如果不带参数,Ping 将显示帮助。

命令格式:

ping [-t] [-a] [-n count] [-l size] …

参数说明:

-t 让用户所在的主机不断向目标主机发送数据。

-a 以 IP 地址格式来显示目标的网络地址。

-n count 指定要 ping 多少次,具体次数由后面的 count 来指定。

-l size 指定发送到目标主机的数据包的大小。

2. Ipconfig 命令

Ipconfig 命令是用来显示系统的 TCP/IP 配置参数的简单工具。当使用 DHCP 来自动配置网络上的 TCP/IP 客户时,由于用户没有别的简单方法来查看给工作站分配了什么设置,所以这一工具很有效。

命令格式:

Ipconfig [/all] [/release] [/renew] [/?] …

参数介绍:

/all 显示所有适配器的完整 TCP/IP 配置信息。在没有该参数的情况下 Ipconfig 只显示 IP 地址、子网掩码和各个适配器的默认网关值。适配器可以代表物理接口（例如安装的网络适配器）或逻辑接口（例如拨号连接）。

/release 发送 DHCPRELEASE 消息到 DHCP 服务器，以释放所有适配器（如果未指定适配器）或特定适配器（如果包含了 Adapter 参数）的当前 DHCP 配置并丢弃 IP 地址配置。该参数可以禁用配置为自动获取 IP 地址的适配器的 TCP/IP。要指定适配器名称，应键入使用不带参数的 Ipconfig 命令显示的适配器名称。

/renew "adapter" 更新所有适配器（如果未指定适配器），或特定适配器（如果包含了 Adapter 参数）的 DHCP 配置。该参数仅在具有配置为自动获取 IP 地址的网卡的计算机上可用。要指定适配器名称，应键入使用不带参数的 Ipconfig 命令显示的适配器名称。

/? 显示帮助。

3. Tracert 命令

通过递增"生存时间（TTL）"字段的值将"网际消息控制协议（ICMP）回响请求"消息发送给目标，可确定到达目标的路径。所显示的路径是源主机与目标主机间路径中的近侧路由器接口列表。近侧接口是距离路径中发送主机最近的路由器接口。不带参数时，Tracert 显示帮助。

命令格式：

Tracert ［—d］［—h MaximumHops］［—j HostList］［—w Timeout］［TargetName］

参数介绍：

—d 防止 Tracert 试图将中间路由器的 IP 地址解析为它们的名称。这样可加速显示 Tracert 的结果。

—h MaximumHops 在搜索目标（目的）的路径中指定跃点的最大数。默认值为 30 个跃点。

—j HostList 指定"回响请求"消息，对于在主机列表中指定的中间目标集使用 IP 报头中的"松散源路由"选项。可以由一个或多个具有松散源路由的路由器，分隔连续中间的目的地。主机列表中的地址或名称的最大数为 9。主机列表是一系列由空格分开的 IP 地址。

—w Timeout 指定等待"ICMP 已超时"或"回响答复"消息（对应于要接收的给定"回响请求"消息）的时间（以 ms 为单位）。如果超时时间内未收到消息，则显示一个星号（*）。默认的超时时间为 4 000。

TargetName 指定目标，可以是 IP 地址或主机名。

4. Netstat 命令

显示活动的 TCP 连接、计算机侦听的端口、以太网统计信息、IP 路由表、IPv4 统计信息（对于 IP、ICMP、TCP 和 UDP 协议）以及 IPv6 统计信息（对于 IPv6、ICMPv6、通过 IPv6 的 TCP 以及通过 IPv6

的 UDP 协议)。使用时如果不带参数，Netstat 显示活动的 TCP 连接。

命令格式：

Netstat [－a] [－e] [－n] [－o] [－r] [－s] …

参数介绍：

－a　显示所有活动的 TCP 连接以及计算机侦听的 TCP 和 UDP 端口。

－e　显示以太网统计信息，如发送和接收的字节数、数据包数。该参数可以与－s 结合使用。

－n　显示活动的 TCP 连接，不过，只以数字形式表现地址和端口号，不尝试确定名称。

－o　显示活动的 TCP 连接并包括每个连接的进程 ID（PID）。可以在 Windows 任务管理器中的"进程"选项卡上找到基于 PID 的应用程序。该参数可以与－a、－n 和－p 结合使用。

－s　按协议显示统计信息。默认情况下，显示 TCP、UDP、ICMP 和 IP 协议的统计信息。如果安装了 Windows XP 的 IPv6 协议，就会显示有关 IPv6 上的 TCP、IPv6 上的 UDP、ICMPv6 和 IPv6 协议的统计信息。可以使用－p 参数指定协议集。

－r　显示 IP 路由表的内容。该参数与 route print 命令等价。

5. Nslookup 命令

显示可用来诊断域名系统（DNS）基础结构的信息，并检测 DNS 系统配置情况。使用此工具之前，应当熟悉 DNS 的工作原理。只有在已安装 TCP/IP 协议的情况下才可以使用 Nslookup 命令行工具。

命令格式：

Nslookup [－SubCommand...] [{ComputerToFind | [－Server]}]

参数介绍：

－SubCommand...　将一个或多个 Nslookup 子命令指定为命令行选项。

ComputerToFind　如果未指定其他服务器，就使用当前默认 DNS 名称服务器查阅 ComputerToFind 的信息。要查找不在当前 DNS 域的计算机，应在名称上附加句点。

－Server　指定将该服务器作为 DNS 名称服务器使用。如果省略了该参数，将使用默认的 DNS 名称服务器。

{help | ?}　显示 Nslookup 子命令的简短总结。

二、常用网络管理工具

1. Windows 的网络监视器

Windows 网络监视器可以捕获和显示运行 Windows Server 2000（2003）的计算机从局域网（LAN）上接收的帧（也称作数据包）。网络管理员可以使用网络监视器检测和解决在本地计算机上可能遇到的网络问题。

(1) 网络数据流的监视

网络监视器监视网络数据流,该数据流由任意给定时间内通过网络传输的所有信息组成。信息在传输之前,由网络软件分割成较小的块,这些小块称作帧或者数据包。网络监视器捕获的帧可以保存为文件,然后发给专业的网络分析人员或支持机构。网络应用程序开发人员可以在开发时使用网络监视器监视和调试网络应用程序。

(2) 捕获网络数据

网络监视器复制帧的过程称为捕获。用户可以捕获发到本地网卡或从本地网卡发出的所有网络通信,也可以设置一个捕获筛选器来捕获帧的子集,还可以指定一系列事件作为触发网络监视器捕获筛选器的条件。

在捕获了数据后,可以查看它,网络监视器通过将原始捕获数据转化为它的逻辑帧结构,从而为用户做数据分析工作。

通过使用触发器,网络监视器可以响应网络上的事件。例如,使 Windows 在网络监视器检测到网络上的一系列特定情况时启动可执行文件。网络监视器使用网络驱动程序接口规范(NDIS)功能,将它检测到的所有帧复制到捕获缓存中。

提示:Windows Server 2000(2003)中的网络监视器版本使用 NDIS 的"仅本地"模式替代了混合模式,所以,即使网卡不支持混合模式,照样可以使用网络监视器。当使用 NDIS 驱动程序捕获帧时,网络性能不受影响。网卡置于混合模式会使 CPU 的负载增加 30% 或者更多。

2. 网络系统性能监视

Windows Server 2000(2003)提供了"性能"工具用来监视计算机中的资源使用情况。

(1) 性能数据的用途

1) 了解工作负荷以及对系统资源的相应影响。

2) 观察工作负荷和资源使用的变化和趋势,以便计划今后的升级。

3) 利用监视结果来测试配置更改或其他调整结果。

4) 诊断问题和目标来测试配置的更改或其他调整结果。

5) 诊断问题和目标组件及过程,用于优化处理。

(2) 性能数据

使用"系统监视器"可以收集和查看大量有关所管理的计算机中硬件资源使用和系统服务活动的数据。如图 5—1 所示。

1) 选择要搜集的数据 可指定性能对象、性能计数器和对象实例。一些对象提供有关系统资源的数据(例如内存),而其他对象则提供有关应用程序运行的数据。

2) "系统监视器" 可以从本地计算机或网络上用户拥有权限的其他计算机中搜集数据。此外,可以包含实时数据和以前使用计数器日志搜集的数据。"系统监视器"支持根据需要手动采样或根据制定的时间间隔自动采样。查看记录的数据时,还可以选择开始和停止时间,以便查看跨越特定时间范围的数据。

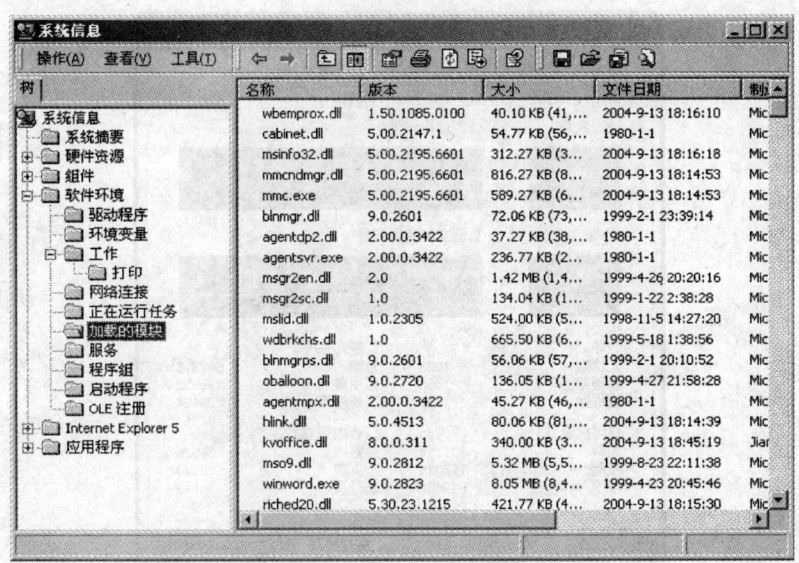

图 5—1 系统信息显示窗口

（3）性能日志和警报

使用"性能日志和警报"可以自动从本地或远程计算机搜集性能数据。可以使用"系统监视器"查看记录的计算机数据，也可以将数据导出至电子表格程序或数据库进行分析并生成报告。

（4）任务管理器

"任务管理器"是另一个提供有关 Windows Server 2000（2003）系统运行情况的工具，它显示了计算机中运行的应用程序、进程，以及处理器和内存使用情况。如图 5—2 所示。

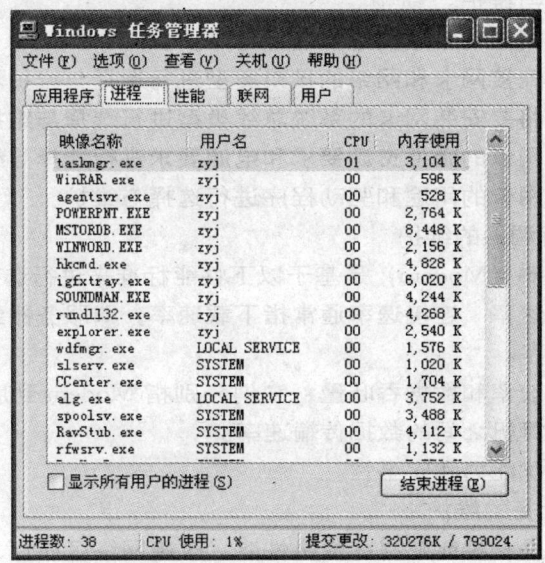

a)

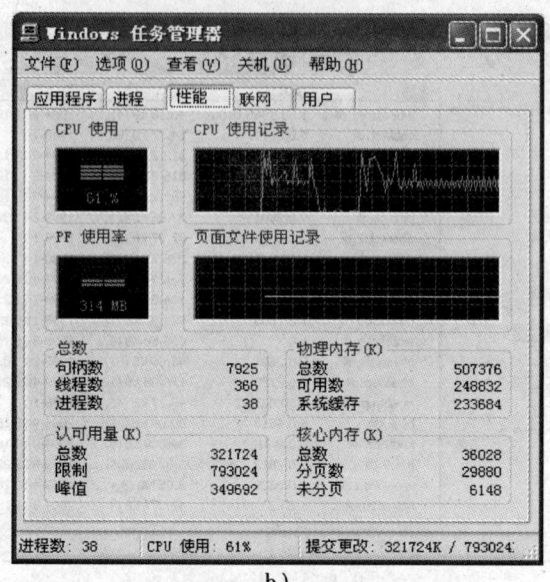

b)

图 5—2 "Windows 任务管理器"窗口

第二节 网络设备的维护和保养

一、网络设备的维护常识

1. 网卡的维护

对于网卡的维护是基于以下几个因素来进行的：

(1) 根据网络使用的数据链路层协议来评估网卡与软硬件的兼容性，进行选择与维护。

(2) 根据网络传输速度进行选择与维护。

(3) 根据连接网卡和网络的接口类型进行选择与维护。

(4) 根据将要安装网卡的系统总线类型进行选择与维护。

(5) 根据网卡的硬件资源要求和电源要求进行选择与维护。

(6) 根据网卡的用途和驱动程序进行选择与维护。

2. 调制解调器的维护

调制解调器（Modem）是基于以下性能标准来进行选择和维护的：

(1) 连接速率 连接速率通常指下载速率，即服务器到调制解调器的数据传输速率。

(2) 上传速率和数据吞吐量 它们分别指 Modem 到服务器和 Modem 与用户计算机之间的数据传输速率。

(3) 抗干扰能力和安全性。

3. 交换设备的维护

交换设备是一种能够提高网络性能、改善网络可靠性、降低管理成本的组网的基础设备。交换设备是交换技术的产物，交换技术引起了网络技术的巨大变革。对交换设备的维护一般要看其端口连接和端口上的指示灯情况。交换设备的主要技术指标有以下几个方面：转发方式、延时、转发速率、管理功能、MAC（介质访问控制）地址数、端口等。应根据交换设备的技术指标，对交换设备进行维护。

4. 网络互联设备的维护

常用的网络互联设备有中继器、网桥、路由器、网关等。

(1) 中继器的维护

中继器是网络中物理层的数字信号放大设备，对中继器的维护主要看其端口连接及对网络中传输的信号放大情况，维护时需要专用设备。

(2) 网桥的维护

网桥工作在数据链路层，对它的维护主要根据其功能来进行：

1) 根据网桥的存储转发功能对网络接收、发送信息帧的情况进行维护。

2) 网桥的过滤功能允许网络管理员对数据帧的组成、协议、源和目的地址、帧类型及用户数据来进行过滤和维护。

3) 根据网桥的缓存功能和隔离功能来进行维护。尤其网桥的隔离功能可以隔离错误和故障，提高网络的安全性。

(3) 路由器的维护

路由器工作在网络互联系统的网络层，它具有很强的异种互联功能。对路由设备的维护实际上是对网络的维护，路由设备可以随时检测与之相连的网络或子网，监听故障网络段或故障结点的信息并利用这些信息沿无故障的路径传递数据，能够检测到与之相连的网络或网络段上的堵塞，将这种信息与重新选择路由的功能相结合，实现无阻塞传输和均衡负载。在维护中，主要利用路由器的协议来进行，对于路由器线路故障一般要更换。

(4) 网关的维护

网关是不同的网络系统互相连接时所用的设备或节点，它是建立在高层之上的网络各层次的互联系统。对它的维护较困难，因为节点较多，所以，在一般情况下，应用几个转换协议来检查网关联通情况。

二、网络设备日常维护和保养

1. 网络设备日常维护保养的管理

对网络设备及系统进行的日常维护和保养，主要内容如下：

(1) 查看外部及内部网络联通情况。

(2) 查看内外网络所有的路由器和交换机的工作状态。

(3) 检查机房所有辅助设备的工作状态，主要项目有：电源供电系统、空调系统、照明系统、网络打印机等。

(4) 查看所有服务器系统的工作状态，重点检查下列服务器和设备的系统工作状态及日志内容，主要项目有：DNS 服务器系统、主域控制器系统、防火墙系统、代理服务器系统、邮件服务器系统、WWW 服务器系统、VOD 点播服务器系统、DHCP 服务器系统、备份服务器系统、UPS 监控系统、门控系统、防病毒服务器系统等。

(5) 机房设备的管理维护。

(6) 用户端的突发性故障维护工作。

2. 季度维护保养

季度维护是每季度对机房进行的例行检修，维护的内容如下：

(1) 为机房内所有设备除尘。

(2) 清洗或更换空调设备、新风设备的过滤装置。

(3) 排除设备在使用中出现的故障和缺陷。

(4) 检查、测试机房电源系统工作的情况，并做好维护记录。

(5) UPS 系统的充放电操作。

(6) 检查、测试机房空调和新风设备系统工作的情况，并做好维护记录。

(7) 检查磁带库和打印机的情况是否达到要求。

3. 换季维护保养

换季维护是在每年进入夏季之前和进入冬季之前，为保证机房设备在盛夏和严冬能正常使用而进行的系统维护，维护应包括以下内容：

(1) 完成季度维护的内容。

(2) 对空调设备中的蒸发器、冷凝器进行大清洗和大检查，更换有故障的零件。

(3) 清洗冷凝器散热装置。

(4) 检查空调设备加湿水的供应状况。

(5) 检查空调设备冷凝水的排泄管道是否畅通，有无异物堵塞。

(6) 检查加热装置的工作状况。

(7) 对机房静压风库进行一次彻底的清理，清除灰尘和异物。

(8) 检查各种电缆和导线的固定、走向及通电后温升情况是否符合要求。

(9) 检查各种安全设备、防火设备及报警设备的工作状况。

(10) 夏季到来之前，检查机房防水（或雨水）措施。

4. 重大任务前的设备维护

如果要执行重大任务，为了保障网络机房及设备正常运转，必须事先根据任务的具体内容有针对性地进行网络机房维护，目的在于提供可靠的系统运行环境，内容如下：

(1) 完成季度维护的内容。

(2) 根据任务的要求，重点检查相关设备的工作情况。

(3) 为了保障重大任务的完成，临时增设一些设备，并事先安装和调试。

(4) 进行其他有关的检查和维护。

第六单元 维护网络设备操作技能

第一节 对网络运行状况的监测

一、常用网络实用命令工具的使用

1. Ping 命令使用

(1) 单击"开始"按钮，在"运行"中输入"cmd"，或在"所有程序"→"附件"→打开"命令提示符"。

(2) 输入"ping"显示参数，如图 6—1 所示。

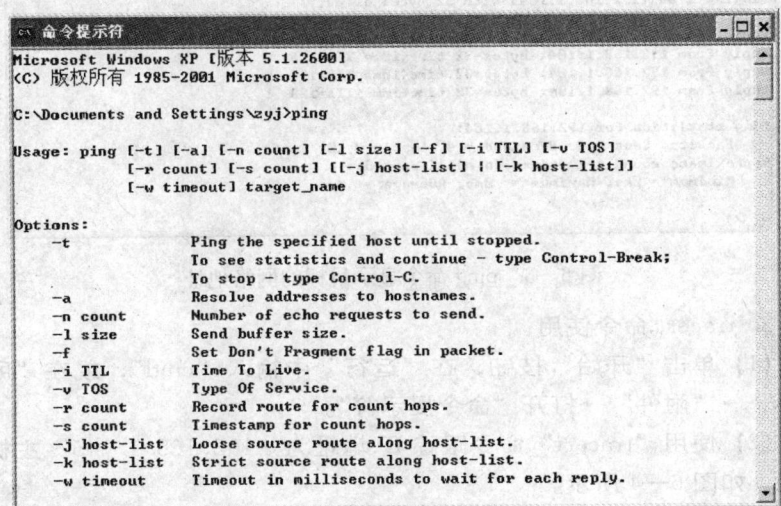

图 6—1　ping 命令参数显示窗口

(3) 使用"ping"命令参数显示网络连接状况，如图 6—2 所示。

(4) 使用"ping"命令＋计算机名（或 IP 地址）＋参数"—a"显示目标的网络地址，如图 6—3 所示。

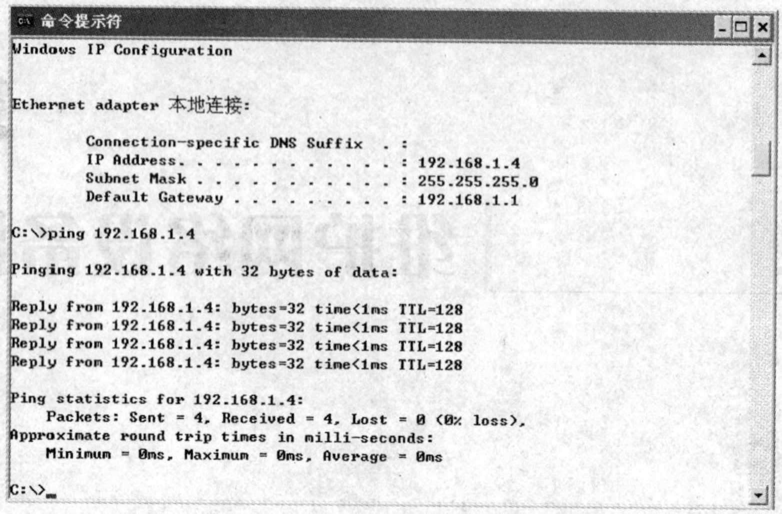

图6—2　ping命令显示网络连接状况

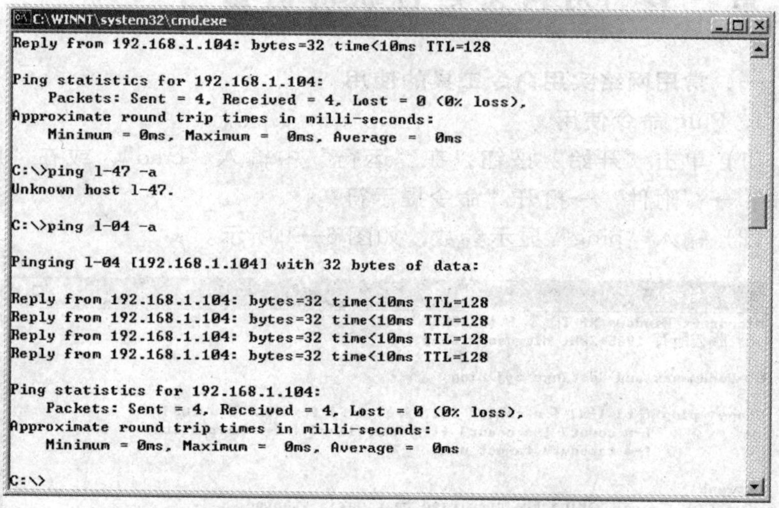

图6—3　ping命令显示目标的网络地址

2. tracert命令使用

(1) 单击"开始"按钮，在"运行"中输入"cmd"，或在"所有程序"→"附件"→打开"命令提示符"。

(2) 使用"tracert"命令跟踪IP地址为"192.168.1.145"主机的路径。如图6—4所示。

(3) 使用"tracert"命令＋参数"－d"显示"sina.com.cn"的主机地址。如图6—5所示。

3. Ipconfig命令使用

(1) 单击"开始"按钮，在"运行"中输入"cmd"，或在"所有程序"→"附件"→打开"命令提示符"。

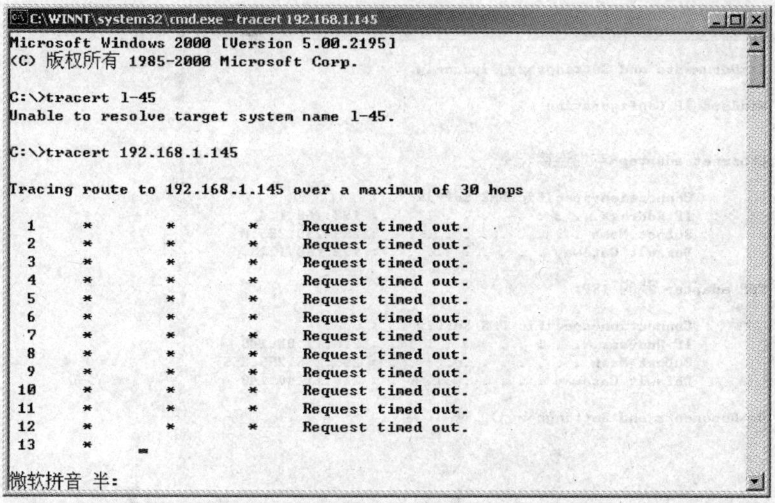

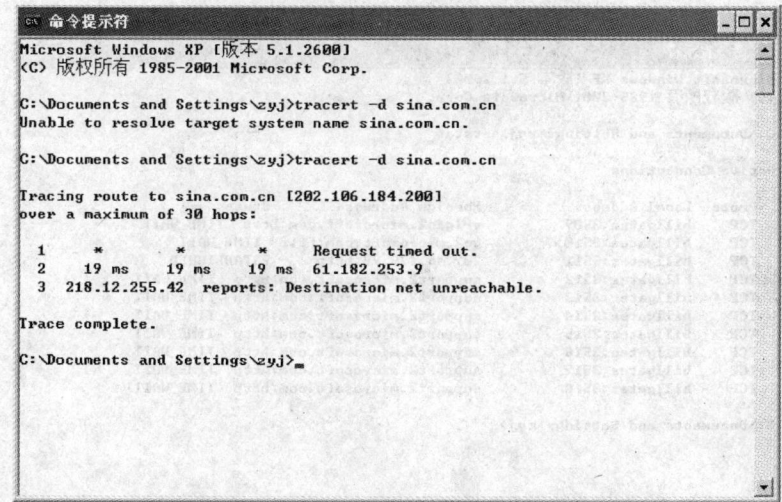

图 6—4 用 tracert 命令显示跟踪目标

图 6—5 用 tracert 命令显示主机地址

（2）使用"Ipconfig"命令显示所有适配器的 IP 地址、子网掩码、默认网关，如图 6—6 所示。

4．Netstat 命令使用

（1）单击"开始"按钮，在"运行"中输入"cmd"，或在"所有程序"→"附件"→打开"命令提示符"。

（2）使用"Netstat"命令显示活动的 TCP 连接，如图 6—7 所示。

（3）使用"Netstat"命令＋参数"－a"显示所有活动的 TCP 连接以及计算机侦听的 TCP 和 UDP 端口，如图 6—8 所示。

5．Nslookup 命令使用

（1）单击"开始"按钮，在"运行"中输入"cmd"，或在"所有

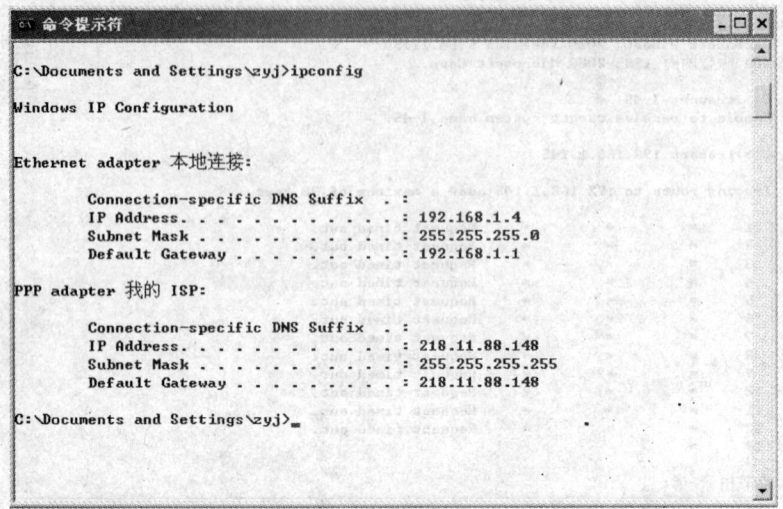

图 6—6　Ipconfig 命令显示适配器的配置

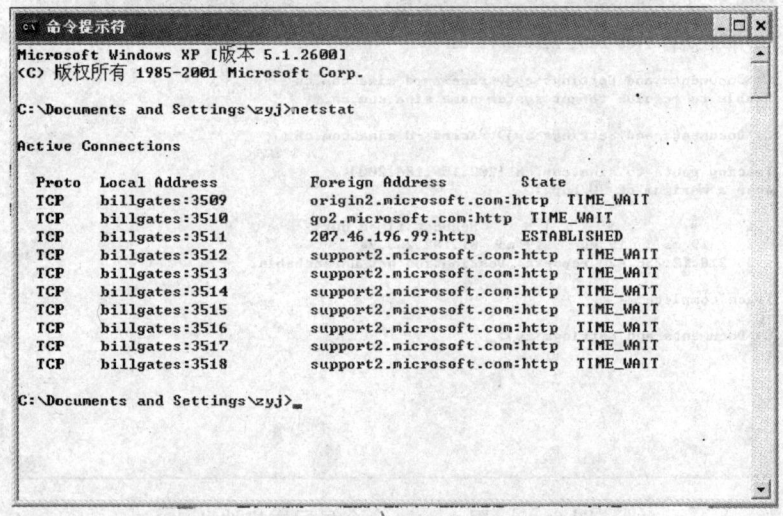

图 6—7　Netstat 命令显示活动的 TCP 连接

程序"→"附件"→打开"命令提示符"。

（2）使用"Nslookup"命令显示可用来诊断域名系统（DNS）基础结构的信息，如图 6—9 所示。

（3）使用"Nslookup"命令＋参数 IP 地址或服务器名称表示指定将该服务器作为 DNS 名称服务器使用，如图 6—10 所示。

二、网络管理工具使用方法

1. 使用 Windows Server 2000（2003）事件查看器

（1）单击"开始"按钮，选择"管理工具"→"事件查看器"菜单，如图 6—11 所示"事件查看器"窗口。

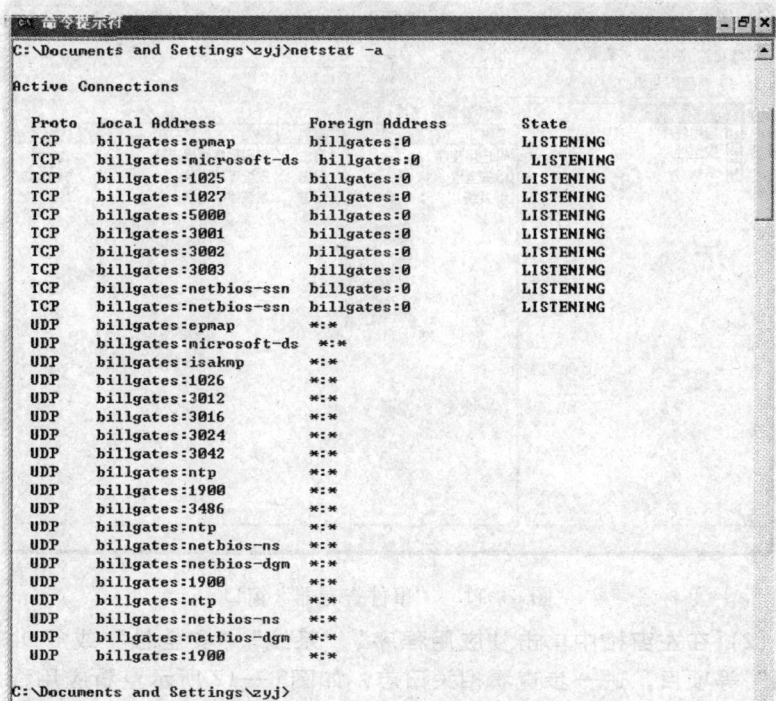

图 6—8　显示活动的 TCP 连接及侦听的端口

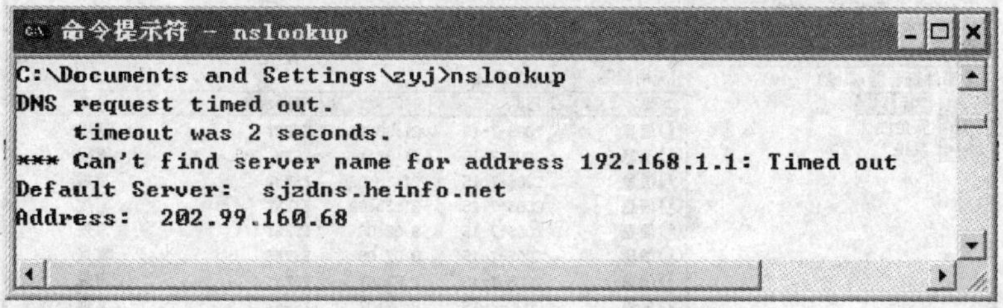

图 6—9　Nslookup 命令诊断域名系统信息

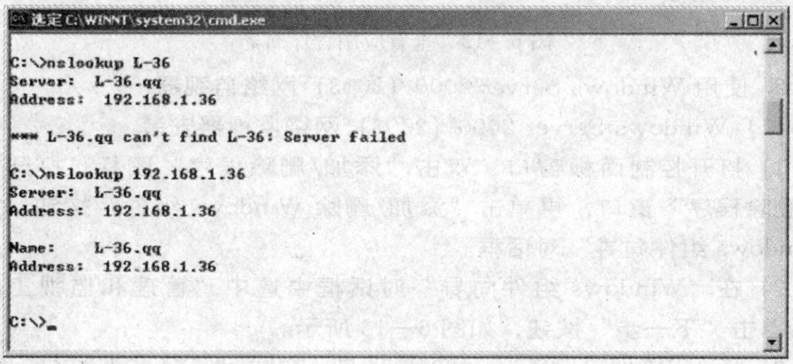

图 6—10　解析测试 DNS 服务器的配置

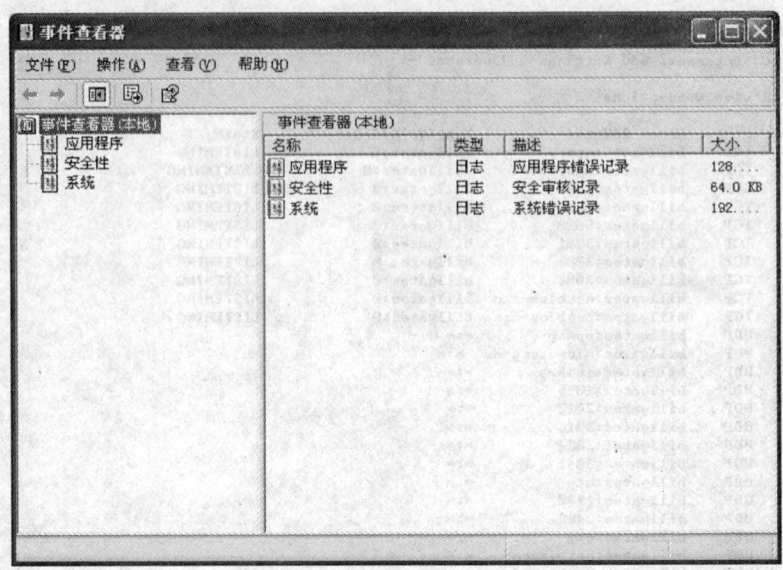

图 6—11 "事件查看器"窗口

（2）在左窗格中单击"应用程序""系统""安全性"或"DNS 服务器"等项目，进一步查看相关日志，如图 6—12 所示查看应用程序日志。

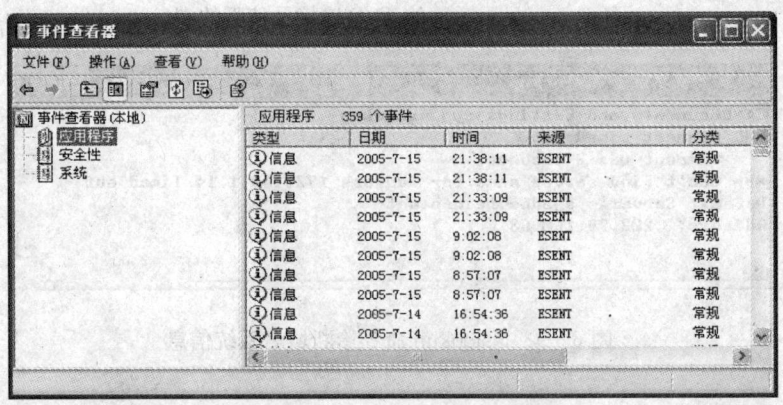

图 6—12 查看应用程序日志

2．使用 Windows Server 2000（2003）网络监视器

(1) Windows Server 2000（2003）网络监视器安装

1）打开控制面板窗口，双击"添加/删除程序"图标，打开"添加/删除程序"窗口，再单击"添加/删除 Windows 组件"按钮，打开"Windows 组件向导"对话框。

2）在"Windows 组件向导"对话框中选中"管理和监视工具"，然后单击"下一步"按钮，如图 6—13 所示。

3）插入 Windows Server 2003 光盘，单击"下一步"按钮，开始复制文件。安装结束后，单击"完成"按钮。

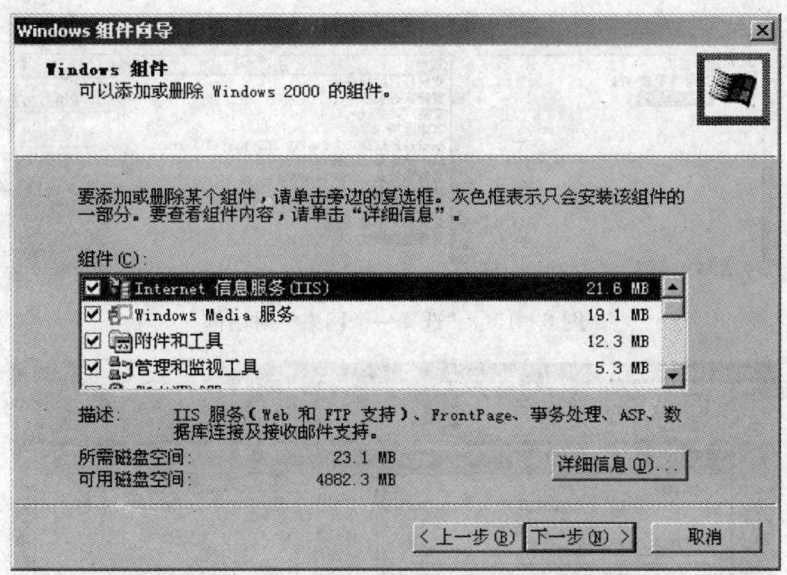

图 6—13 "管理和监视工具"对话框

（2）Windows Server 2000（2003）网络监视器使用

1）单击"开始"按钮，选择"所有程序"→"管理工具"→"网络监视器"选项，如图 6—14 所示。

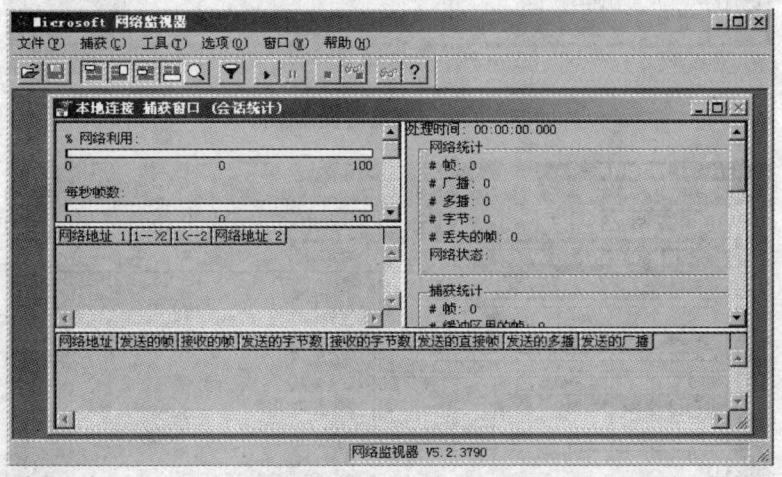

图 6—14 启动网络监视器

2）单击"确定"按钮，打开"选择一个网络"对话框，如图 6—15 所示。

3）选择某个网络，单击"确定"按钮，打开如图 6—16 所示网络监视器窗口。

4）单击"启动捕获"按钮"▶"，开始捕获，如图 6—17 所示。要停止捕获，可单击停止捕获按钮"■"。要保存捕获结果，可选择"文件"→"另存为"选项。

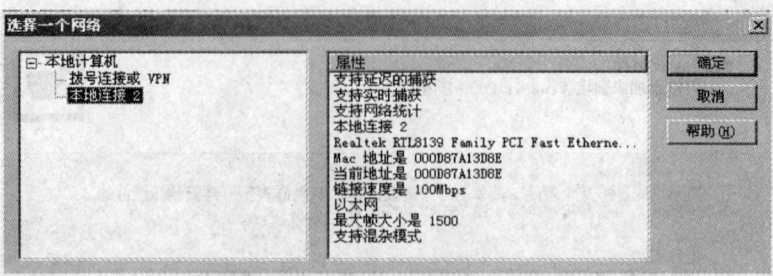

图 6—15 "选择一个网络"对话框

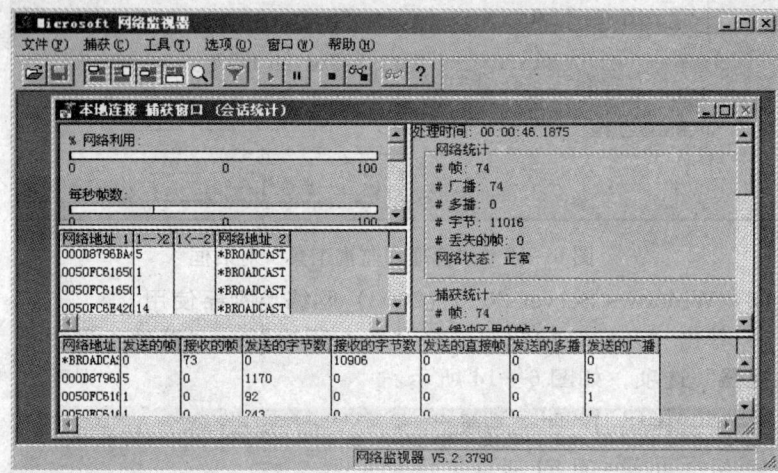

图 6—16 网络监视器窗口

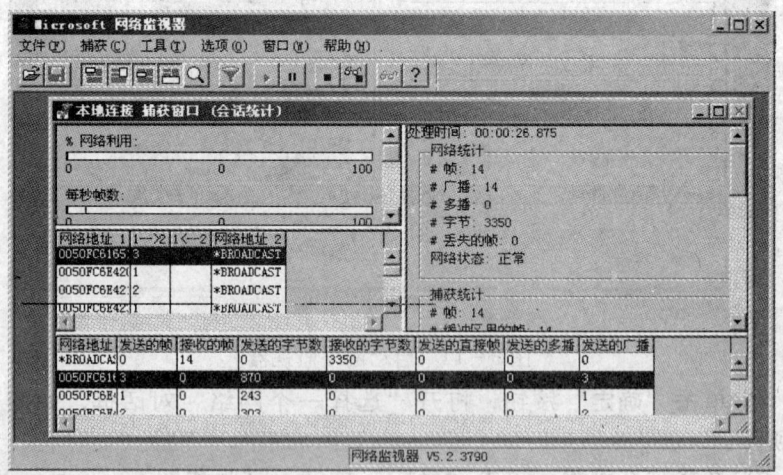

图 6—17 启动捕获后的网络监视器窗口

3. 使用网络系统性能监视

(1) 单击"开始"按钮,选择"管理工具"→"性能"选项,如图 6—18 所示。

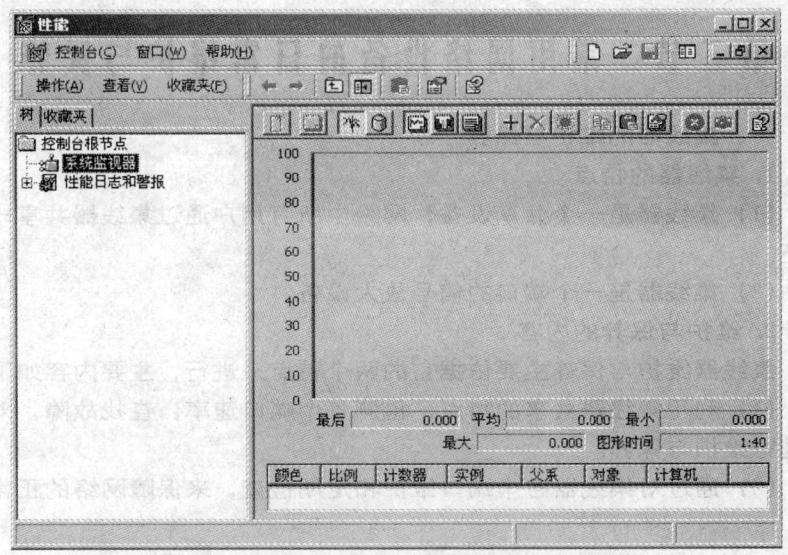

图 6—18 "性能"窗口

(2) 在"性能"窗口,分别单击"系统监视器"与"性能日志和警报"窗口。如图 6—19 所示。

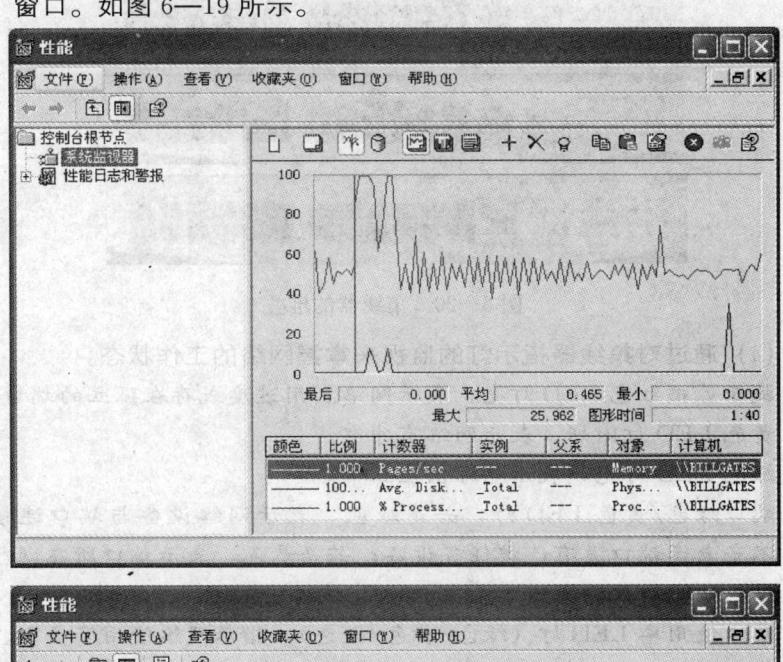

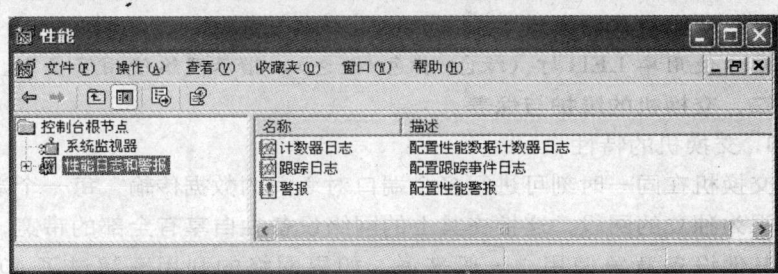

图 6—19 "系统监视器"与"性能日志和警报"窗口

第二节 常用网络设备的日常维护与保养

一、集线器的维护与保养
1. 集线器的特点

（1）集线器是一个共享设备，网络中所有用户通过集线器共享一个带宽。

（2）集线器是一个端口的信号放大设备。

2. 维护与保养的内容

集线器维护与保养主要依据它的两个特点来进行，主要内容如下：

（1）利用集线器共享的特点，检测各个端口速率，查找故障，对设备进行维护与保养。

（2）通过对集线器各个端口维护和定期检查，来保障网络的正常运转。

（3）通过对集线器的堆叠，可提高集线器的稳定性，扩展局域网规模，易管理维护，如图6—20所示。

图6—20 集线器的堆叠

（4）通过对集线器指示灯的监视来掌握网络的工作状态。

提示：橘红色LED灯亮，表示网络利用过度或存在孤立的端口。

黄色LED灯闪烁，表示网络有冲突。

绿色LED灯亮，表示电源供应正常。

端口绿色/黄色LED灯，若是绿色，表示网络设备与端口连接正常，不亮表示端口没有连接任务设备；若是黄色，表示端口所在网段出现故障，该端口被隔离开了。

端口使用率LED灯（绿色/黄色/橙色），指示网络使用了多少。

二、交换机的维护与保养
1. 交换机的特性

交换机在同一时刻可进行多个端口对之间的数据传输，每一个端口都可视为独立的网段，连接在其上的网络设备独自享有全部的带宽，无需同其他设备竞争使用。一般来说，如果网络的利用率超过了40%，并且碰撞率大于10%，网络就可以选用交换机来改善网络状况。

2. 交换机的维护与保养

交换机的维护与保养主要依据交换机的性能指标来进行，交换机的性能指标有：端口数量、交换速率、是否堆叠、是否可扩展等。

(1) 网络管理员通过查看交换机端口与设备端口连接状况，还有与之对应的指示灯闪烁情况，看网络是否正常运转。

(2) 通过交换机的网络监视软件来查看网络交换速率，以确定网络是否有故障。

(3) 对于可堆叠的交换机还要查看交换机之间的连接状况，以确保网络正常运转。

3. 交换机的选用

选用交换机一般要考虑以下几个方面的因素：

(1) 应用要求

应用要求主要是指应用场合、网络规模、性能要求。

(2) 厂家品牌

品牌往往与其通用性、服务、质量相对应。

(3) 价格

所谓性能价格比高，是指在满足应用需求的前提下，具有良好的性能、可接受的价格。

(4) 其他

交换机的拥塞控制，运行方式与速度的自动协商，多协议支持，电源冗余，容错，支持热插拔等其他性能。

三、路由器的维护与保养

1. 路由器的特性

路由器用于连接多个逻辑上分开的网络，所谓逻辑网络是代表一个单独的网络或者一个子网（网段），通过路由器来完成数据从一个子网到另一个子网的传输。路由器具有判断网络地址和选择路径的功能，它能在多网络互联中建立灵活的连接，可用完全不同的数据分组和介质访问方法连接各种子网。路由器只接受源站或其他路由器的信息，它不关心各子网使用的硬件设备，但要求运行与网络层协议相一致的软件。

路由器的主要工作就是为经过路由器的每个数据包寻找一条最佳传输路径，并将该数据包有效地传送到目的站点。

2. 路由器的维护与保养

路由器工作在网络互联系统的网络层，它具有很强的异种互联功能。在对其维护中，主要利用其协议来进行，对于路由器线路故障一般要更换相应线路。

路由器的保养主要依据路由器的路由选择、路由转发和支持多协议的功能来进行。

(1) 网络管理员应每天检查、维护路由器的路由表，查看网络连接情况。

(2) 以路由器的路由表为依据，优化网络资源，提高网络速度。

(3) 通过监控记录,对所有进出路由器的封包类型、时间、来源、IP 地址与目的、IP 地址进行分析、统计,减轻路由器的负荷。

3. 路由器的选用

选用路由器时,通常应注意以下几方面的问题:

(1) 管理方式

即网络管理员可以通过哪些方式对路由器进行管理设置。路由器最基本的管理方式是利用终端(或 Windows 提供的超级终端)通过专用配置线连接到路由器的配置口直接进行配置。

(2) 多协议支持

即路由器支持哪些广域网协议。目前,电信公司提供的广域网线路主要有 X.25、帧中继、DDN 专线、ADSL 等几种,路由器一般支持以上广域网协议。

(3) 安全性

即网络管理员使用了路由器以后能否确保自己内部局域网的安全。目前,许多厂家的路由器可以设置访问权限列表,从而控制可以进出路由器的数据,防止非法用户的入侵,实现防火墙功能。

(4) 地址转换功能

即路由器能够屏蔽本地网络的 IP 地址。利用地址转换功能统一转换成电信公司提供的广域网地址,进一步防止了非法用户的入侵。

第四部分

服务器和网络终端设备的维护

学习目标：

1. 掌握网络终端设备的软、硬件配置知识。
2. 了解服务器硬件故障维护知识。
3. 熟悉病毒防治基本知识。
4. 了解网络基本服务监视知识。

第四部分

现代森林灾害发生及其防治对策

第七单元

服务器和网络终端维护的专业知识

第一节 网络终端设备的安装与配置

一、网络终端的硬件配置

1. 网络终端设备分类

广义地说,一切连接在网络上的设备都可以视为一个网络终端,如计算机、打印机、路由器、交换机等,只是它们所实现的功能各不相同。下面就以功能进行分类,对网络终端进行说明。

(1) 客户终端

客户终端主要是指在网络上取得服务的终端设备,如连接在网络上的任意一台计算机或打印机,可以通过计算机享受网页浏览,收发邮件,下载数据等网络服务。但客户终端也只是相对的,当别人从这台的计算机中取得数据或其他服务时,此台计算机就变成为了一个服务终端。

(2) 服务终端

服务终端指在网络上提供服务的终端,这主要是指网络服务器。服务器是网络运行的基础,网络上的各种服务大多来自服务器。服务器为用户提供了大量的资源下载、网页发布、邮件服务、数据搜索等服务。

(3) 传输终端

传输终端的任务就是保证数据的正确传输,主要包括路由器、集线器、交换机等设备。传输终端就像网络上的十字路口,提供信号放大、信号中转、路由选择等功能,并保证数据正确地到达目的地。

2. 网络终端常用硬件设备介绍

(1) 网卡

网卡即网络接口卡（NIC—Network Interface Card）又称网络适配器（NIA—Network Interface Adapter）。用于实现联网计算机和网络之间的物理连接，为计算机之间相互通信提供一条物理通道，并通过这条通道进行高速数据传输。

1）网卡总线接口类型　由于网卡所应用的计算机环境不同，其与主机的接口也有所不同，目前主要有以下几种：

①按照主板上的总线类型分，网卡接口主要有 EISA、ISA、PCI 和 USB 四种。EISA 是早期的一种总线，现在已经被淘汰了，所以 EISA 接口的网卡也就不再使用了。ISA 网卡由于其传输速率低，还需要占用很多 CPU 资源，使得这种接口的网卡也很少见了。目前，PCI 接口的网卡是应用最为广泛，也是最为流行的网卡，它的性价比高且安装简单。USB 接口网卡是一种外置式的网卡，不需要占用计算机的扩展槽，主要应用于没有内置网卡的膝上型计算机。

②膝上型计算机网卡与台式计算机采用了不同接口，以适应笔记本的 PCMCIA 插槽。

③由于网络应用越来越广泛，目前许多主板上除集成了声卡和显示等设备外，还将网卡也集成在其中。集成网卡是把网卡芯片整合到主板上，芯片的运算部分交给 CPU 或南桥芯片来处理，其接口也放置在主板的接口中。集成网卡的优点是降低了成本，并且避免了外置网卡与其他设备的冲突，提高了稳定性与兼容性。

2）网卡的电缆接口类型　细缆（同轴电缆）、双绞线和粗缆（AUI）是最常见的电缆类型，由于采用了不同的数据传输线，所以网卡必须至少具有与一种电缆相适应的接口。同轴电缆（BNC 细缆）的连接接口类似于有线电视的信号线连接方式。粗缆的连接是通过使用 15 针"附件"接口将网卡背面的 15 针接头与外部收发器连接在一起的。而双绞线的连接接口则使用 RJ—45 连接器，RJ—45 连接器与 RJ—11 电话接头类似，但前者要更大些，而且有 8 条导线，而 RJ—11 只有 4 条导线。

（2）调制解调器

调制解调器（即 Modem），是计算机与电话线之间进行信号转换的装置，由调制器和解调器两部分组成。调制器是把计算机的数字信号（如文件等）调制成可在电话线上传输的模拟信号的装置。在接收端，解调器再把模拟信号转换成计算机能接收的数字信号。通过调制解调器和电话线就可以实现计算机之间的数据通信。

目前的调制解调器主要有普通 Modem、ISDN Modem 和 ADSL Modem 三种。这三种调制解调器都是通过电话线进行连接的，但是其连接方式和传输速率有所不同：

1）普通 Modem　这类 Modem 的传输速率较低，一般只有几十 kbps。其连接方式也比较简单，只要将电话线插入 Modem 即可。但是 Modem 在连接时，与其使用同一条电话线的其他设备（如电话）就不能再使用了。

2) ISDN Modem　ISDN Modem 的传输速率略高于普通 Modem，单线可以达到 64 kbps，如果使用双线连接，则可以达到 128 kbps。ISDN Modem 除可以连接计算机外，还可以同时连接如电话线、传真机等多个设备。

3) ADSL Modem　ADSL Modem 的传输速率较前两种有了极大的提高，最高可以达到 8 Mbps。ADSL Modem 的连接必须使用信号分离器，将电话线插入分离器，再从分离器上引出两条信号线，一条与 ADSL Modem 连接，另一条则用于与其他设备连接。ADSL Modem 的运行与其他设备互不影响。

二、网络终端的软件配置

1. 网络终端的软件概述

网络客户端软件的主要功能是为用户提供一个享受网络服务的界面平台，用户通过各种客户端软件享受网页浏览、收发邮件、下载等网络服务。

随着网络时代的到来，客户端软件也得到了极大的发展，在 Windows 2000、UNIX、LINUX 等操作系统中都集成了如网络连接、网页浏览、数据传输等网络功能。此外，还出现了各种各样的工具。目前的网络工具都非常的智能化，且易于使用，在设计上也越来越人性化。

2. 网络终端常用软件介绍

(1) 浏览器

浏览器是用户查看网页的工具，目前比较常用的有微软的 IE 浏览器和网景（Netscape）浏览器两大类。

在功能上，浏览器支持文字、图像、声音、动画、视频等多种媒体形式。此外还提供有许多方便的工具，如个人收藏夹、历史记录、编码转换、页面打印、文件下载等。

(2) 邮件服务

邮件服务工具可以让用户不必登录到网站上也可进行邮件的收发工作，省去了许多操作，就像在自己家里开设了一家邮局一样方便。

现在有许多邮件服务工具可供选择，比较著名的有 Outlook、Foxmail、Dreammail 等。

Outlook 2000 是微软公司在 Office 2000 中的套装软件的组件之一，可以方便地使用它来收发电子邮件、管理联系人信息、记日记、安排日程、分配任务等。

1) 收发电子邮件　只要事先建立邮件账户，便可以先在本地编写好邮件，然后再连接到网络上发送出去。收邮件的过程也极为简单，只要打开 Outlook 2000，它便会自动连接到在网络上的邮箱，将新邮件下载到本地计算机供阅读。

2) 支持多种文字格式邮件　Outlook 2000 支持几十种国家语言，使收到的电子邮件不会出现乱码的现象。此外，Outlook 2000 不仅可以收发纯文本的电子邮件，还可以收发带有图像格式的电子邮件，甚至超文本格式的电子邮件也能够轻松地显示。

3）管理联系人　在 Outlook 2000 中可以存储联系人的许多信息，如邮箱地址、姓名、电话及其他的个人信息。此外，还可以对联系人进行分组管理，使用户可以对组中的所有联系人同时发送邮件，省去了大量的操作。

4）日程安排　Outlook 2000 提供了日历功能，在其中可以对全天的工作进行安排，并且还具有假日和约会提醒的功能。

5）日记功能　在 Outlook 2000 中，不仅可以像平时那样手动录入日记，还可以进一步设置让系统自动记录下用户的一些活动，如发送的电子邮件、写作的 Office 文档以及与"联系人"文件夹中人员的交流情况等。

（3）网络传输工具

随着宽带的普及，在网络上可以传播的早已不只是文字了，各种各样的媒体都可以在网络上得到很好地应用。人们需要从网络上得到信息，也需要进行大量的数据交换，网络传输工具就成了最好的帮手。按照不同的数据传输模式，可以将其分为 Http 传输工具，FTP 传输工具及 P to P 的传输工具。

1）Http 传输工具　这类工具主要用于从服务器上下载数据，是十分方便的下载工具。目前比较著名的有 FlashGet、网络蚂蚁等，它们支持多任务同时下载，支持断点续传，并且可以自动搜索镜像服务器。

2）FTP 传输工具　使用 FTP 工具可以从服务器下载数据，且可以将数据传送到服务器上。例如在本地计算机上建立好了一个站点，然后使用 FTP 工具将网站上传到服务器上进行发布。也可以通过 FTP 工具将服务器上的内容下载到本地，甚至可以将自己的本地计算机设置为 FTP 服务器，让别人进行数据的上传或下载。

3）P to P 传输工具　P to P（点对点）传输是目前十分流行的数据传输方式，许多人用此来与别人进行数据共享。例如，BT 下载工具，当从其他的计算机上得到数据的同时，其他人也会从你的计算机上下载数据。在同一时间段下载的人越多，下载速度就越快，这与传统的下载方式正好相反。此外一些网络聊天工具也支持点对点的传输，如 OICQ，MSN 等。

三、网络终端的维护方法

在使用网络终端设备时，除了使用正确的操作方法外，在平时也要对设备进行定期的维护。这样不仅可以延长设备的使用寿命，还可以避免人为的损坏。

1. 计算机设备对运行环境的要求

计算机对运行环境的要求并不十分苛刻，在一般的环境中都可运行。但是运行环境对于计算机性能、稳定性及寿命还是有很大影响的，这主要包括温度、湿度和灰尘三个方面。

2. 设备关闭后应彻底关闭电源

在计算机关闭后,人们经常会忽视其他外设,使它们长期处于待机状态,如显示器、打印机、Modem 等。这样不仅会浪费许多电能,而且还会缩短设备的使用寿命。所以在关闭系统后,要及时地关闭其他外设,最好能彻底切断电源。

3. 开/关机顺序

个人的使用习惯对计算机的影响也很大,应当养成良好的开/关机习惯。开机的顺序是先打开外围设备(如显示器、打印机、扫描仪等)的电源,然后再打开主机电源。关机的顺序则正好相反,应先关闭主机电源,再关闭外设的电源。这主要是因为当主机在通电的情况下,打开或关闭外设的瞬间会对主机造成很大的冲击。所以应当使用正确的开/关机顺序,尽量减小对主机的损害。

4. 主板上暂不使用的接口应将其封闭

现在的主板上大多会提供多个设备接口,如 PCI 接口、AGP 接口、内存接口等。一般情况下,不会使用到全部的接口,其中的一部分会长期的处于空闲状态。时间长了便会有许多灰尘存留在里面,当想启用它们时就有可能因为灰尘而产生接触不良的问题。所以应该用胶带或其他东西将空闲的接口封闭起来,避免灰尘的侵入。

5. 去除灰尘的方法

灰尘对计算机的运行影响非常大,所以在平时就要注意采取一些措施防止灰尘进入计算机,如注意保持机房环境卫生,不要将计算机放置在开着的窗户下,用完后要用布将计算机遮盖起来等。此外,每隔半年的时间,还要对计算机进行一次彻底的除尘。除尘的具体步骤如下:

(1)工具准备

在除尘之前要准备好工具,主要包括软毛刷、吹气球、酒精等,如图 7—1 所示。也可以购买专门用于计算机除尘的吸尘器。

图 7—1 工具准备

(2)准备工作

在打开机箱之前,一定要拔掉计算机的电源插头。因为 ATX 电源即使在不工作时也会有部分电路处于待机状态,所以在插拔硬件前有必要彻底切断电源。操作者还必须释放一下自己身上的静电,以免对电路造成损坏。如果对于机箱内电缆连接不是非常熟悉,最好准备一些标签,以标识所拆卸电缆的连接部件和电缆的连接方向。

(3)拆卸硬件

为了达到彻底除尘的目的,最好能将硬件逐一拆下,然后进行单独清除。对于那些带有散热器的设备,如显卡、CPU 组件、电源等,最好将散热器与设备分离开来,这样可以对散热器进行更好的清理。

(4)散热器的清理

散热器由于有风扇,通常是最容易聚积灰尘的部分,所以是清理的重点。散热器通常由风扇和散热片组成，对于可以与硬件和风扇分离的散热片，如果灰尘的堆积比较严重，则可以用水彻底清洗。清洗后一定要等散热片彻底干燥后再装回去，这时也可以使用电吹风加热吹干。安装之前最好能在散热片的底部抹上适量的导热硅脂以增强其热传导性。如果无法分离，则可用毛质较硬的毛刷和吹气球来清除散热片缝隙中的灰尘。风扇的叶片和框架内侧通常也会积聚大量的灰尘，可以用毛刷去除掉上面的灰尘，然后用湿布将其擦干净。

(5) 其他设备的清理

板卡部分主要用软毛刷去除其表面的积灰，对于一些死角，可以用吹气球将灰尘吹散。对于光驱、硬盘和软驱等，由于其本身密封性比较好，所以一般只需要做表面的除尘处理。

(6) 重新安装

除尘维护结束后重新将硬件装入机箱，接上电缆及信号线，在不盖机箱的情况下先开机试运行一下，检查各个风扇是否都运转正常，有无较大的噪声出现。如果一切正常，就可以合上机箱，完成清理工作了。

6. 风扇的保养

风扇长时间使用后，噪声就会有所增加，转速也会受到影响。发生上述情况可以为其加一些润滑油以改善其性能。

具体方法如下：打开风扇一侧的不干胶，露出转轴。转动叶片，同时在转轴中滴入少许润滑油使其充分渗透，最后重新将其封好即可。

第二节 服务器的维护与保养

一、服务器硬件故障排除的基本原则

服务器硬件出现故障的原因是多方面的，查找故障原因的过程也是排除故障的重要步骤。在查找故障原因时，需要掌握以下几个原则和方法。

1. 尽量恢复系统的缺省配置

(1) 去掉非标配备件

为了能够尽可能的缩小查找的范围，应该去掉那些非标配的配件或第三方厂商的设备，如声卡、网卡等，以达到"最小系统"。

(2) 恢复初始资源配置

将系统的资源配置恢复到最初的状态，可以对 CMOS 进行清除，然后重新配置。

(3) 使用最新的驱动程序

将 BIOS、FW (FireWare 固件) 和设备的驱动升级为最新版本。

(4) 查看硬件兼容列表 (TPL)

查看扩展的第三方 I/O 设备是否属于该机型的兼容设备。

2. 从小到大，从基本到复杂进行系统的设备测试

(1) 系统上要从个体到网络

首先让出现故障的服务器脱离网络，然后对其进行单机测试，待测试正常后再接入到网络中运行，观察故障现象是否因为运行环境的变化而变化，以快速确定出现故障的准确位置。

（2）硬件上要从最小系统到现实系统

首先只保留系统运行所必需的硬件设备，组成最小系统，待测试正常后再逐步添加配件，最终达到现实运行的系统组成。

（3）软件上要从基本系统到现实系统

软件的测试应当从最基本的操作系统开始，待测试正常后，再逐步运行其他应用程序，最终达到现实运行的软件系统。

3. 交换运行环境，对比运行结果

（1）交换硬件设备

尽可能保证在相同的条件下交换单个硬件设备，然后对比运行结果，以查找出现问题的设备。

（2）交换软件运行环境

在不同的环境下对软件进行测试，对比运行结果。

（3）交换硬件运行环境

在不同的环境下对硬件进行测试，对比运行结果。

（4）交换整机运行环境

在不同的环境下对整机进行测试，对比运行结果。

总之，服务器硬件故障的查找和排除要本着从小到大、从局部到整体、从个体到系统的顺序进行，这样可以将导致故障的设备分离出来，便于缩小查找的范围。

二、服务器硬件故障排除需要收集的信息

服务器出现故障后，不能盲目地行动，应当按照正确的步骤进行故障排除。为了能够尽快地查找到故障的原因并进行恢复工作，应尽量多收集一些与服务器相关的信息。具体内容如下。

1. 服务器相关信息

（1）服务器型号

服务器型号是生产商对自己产品的型号定义，一般可以在机箱上找到写有计算机型号的标签（或在说明书中写明）。在与服务商联系要求获得帮助时，服务商一般会要求说明服务器型号，以便根据型号获得硬件配置的相关信息，从而得出解决方案。

（2）服务器序列号

服务器序列号就像是服务器的名字，服务商也可以从中得到一些相关信息，序列号一般会与计算机型号写在一起。

（3）BIOS 版本号

获取 BIOS 版本号的方法一般有以下几种：

1）查看说明书　在购机时附带的说明书中会明确地标明主板的型号及 BIOS 版本号，所以这也是最准确、最方便的方法之一。

2）开机自检　如果找不到说明材料，可以在服务器启动自检时看到 BIOS 的信息。具体方法是当系统检测内存时按下键盘上的 Pause/ Break 键，这样系统的检测过程就会暂停。通常这时屏幕上的第一行（或前两行）为 BIOS 的相关信息，能够查知 BIOS 的出品公司名称、主板型号、主板所用的芯片组及 BIOS 当前版本。

3）查看 BIOS 芯片　一般情况下，在主板的 BIOS 芯片上（如图 7—2 所示）都会贴有包含 BIOS 版本信息的标签。

4）使用测试软件　使用一些计算机测试软件也可以得到 BIOS 版本信息，如 CTBIOS 可以较好地测出主板的类型、生产厂家，甚至提供 BIOS 的下载网址。

图 7—2　BIOS 芯片

（4）附加设备信息

在服务器中是否添加了一些附加设备，如网卡、SCSI 卡、内存、CPU 等。

（5）硬盘配置信息

硬盘的配置信息包括硬盘是否做了阵列（RAID），以及阵列的级别等。

（6）操作系统信息

在服务器上安装的是何种操作系统，以及系统的版本，如 Windows NT、Netware、UNIX 等。

2. 故障信息

（1）在 POST 时，屏幕显示的异常信息

POST（Power On Self Test，加电自测试）是指计算机在启动时进行开机自检，以检查所有计算机组件中的基本错误。测试时，计算机可能会发出哔哔声，或将错误信息显示在屏幕上。这些信息可以给一些提示，从而确定错误产生的部件和找出解决的方法。这些信息主要包括：

1）Refresh Failure RAM：RAM 内存刷新失败。

2）Parity Error：系统基本内存（第 1 个 64 KB）有奇偶校验错误。

3）Base 64KB Memory Failure：系统基本内存（第 1 个 64 KB）检查失败。

4）Timer Not Operational：主板上的第 1 时钟不能正常工作，系统基本内存（第 1 个 64 KB）检查失败。

5）Processor Error：CPU 出错。

6）8042－Gate A20 Failure：键盘控制器（8042）中的 Gate A20 开关有错，BIOS 不能切换到保护模式。

7）Processor Exception Interrupt Error：CPU 产生意外中断。

8）Display Memory Read/Write Error：显示卡 RAM 出错或无 RAM，不属于致命错误。

9）ROM Checksum Error：BIOS 中的记录和 ROM 检查代码不同。

10) CMOS Shutdown Register Rd/Wrt Error：COMS 的 Shutdown 寄存器读/写出错。

11) Cache Error/External Cache Bad：Cache 或外部 Cache 出错。

(2) 服务器本身指示灯状态

在服务上通常会带有显示服务器状态的 LED 指示灯，除有表示电源、运行、远程等状态的指示灯外，还会带有表示警示和故障的指示灯。当警示和故障指示灯亮起或闪烁时，就说明服务器可能出现了问题。此时应当记下指示灯的状态，以便查找原因。

(3) 系统报警声

当服务器出现故障而不能启动时，计算机的带电自检程序会从喇叭发出一些提示信息，通过该信息可以快速找出发生故障的部件。因此，记下系统的报警声对于排除故障是十分重要的（报警声会由于主板所带 BIOS 不同而发出不同的声音，其含义也有所不同）。

(4) NOS 的事件记录文件

NOS（网络操作系统）是向网络计算机提供服务的特殊的操作系统，它在计算机操作系统下工作，使计算机操作系统增加了网络操作所需要的能力。NOS 的各种安全特性可用来管理每个用户的访问权限，确保关键数据的安全保密。因此，NOS 从根本上说是一种管理器，用来管理连接、资源和通信量的流向。

(5) 服务器日志文件

服务器日志文件记录了服务器的运行状态、访问量及流量等信息。对日志进行分析，可以帮助找出故障发生的准确时间及具体表现，有利于故障的查找和排除。

三、服务器常见硬件故障的排除方法

下面按照内存、硬盘和电源三个部分来介绍服务器在运行时可能出现的一些常见硬件故障及其解决方法。这些常规的解决方法，只作为排除故障时的参考，当服务器出现问题时还需要根据具体情况进行分析。

1. 服务器内存故障

(1) 开机无显示

打开服务器电源后，监视器无任何显示并且系统发出较长的蜂鸣（针对 Award BIOS 而言）。这种情况说明系统在开机自检时内存检测出现错误，通常是由于内存与主板上的内存插槽接触不良造成的。内存与插槽接触的插脚部分由于长期使用而产生表面氧化现象，影响了内存与主板的通信。这时可以卸下内存，用橡皮或细砂纸将氧化的表面去除（不要使用酒精进行擦洗），然后再重新插入即可。

(2) 系统运行不稳定

系统运行不稳定，或经常出现停滞现象等。这类问题可能是由于内存的质量问题引发的，只有更换品质较好的内存才能解决。

(3) 随机性的死机

系统在运行时经常出现随机性的死机问题，可能是由于使用的多条

内存速度不统一造成的，对此可以在 CMOS 中降低内存的速度来解决问题。也有可能是内存与主板的兼容性不好或与主板接触不良而引发此类问题。

2. 服务器硬盘故障

硬盘出现问题轻则会影响服务器的运行，严重的还会造成数据丢失等情况。所以一定要做好日常的备份工作，此外还应当学会修复硬盘或从坏道中提取数据的方法，将损失降到最低程度。

(1) 系统认不出硬盘

如果出现系统无法从硬盘启动，在 CMOS 中也无法检测到硬盘的情况，硬盘本身出现故障的可能性不大，原因一般会出现在连接电缆或 IDE 端口上。可通过重新插接硬盘或更换接口来进行测试。如果一条 IDE 上接了两个硬盘设备，还应当注意硬盘的主从跳线。

(2) 电池电压不足引起的硬盘无法启动

主板上充电电池失效会使得 COMS 中的数据丢失，导致硬盘无法被识别。解决方法为更换新的主板电池。

(3) 数据恢复

当硬盘出现坏道，或由于误操作而将数据删除或格式化，这时可以借助一些软件来恢复数据。首先，当有数据丢失时，不要再往该区域写入任何数据。因为无论是删除还是格式化，都只是对硬盘分配表进行操作，而不是真正对数据进行删除。所以，可以使用一些磁盘工具来恢复这部分数据。如果硬盘确已损坏或产生了严重的物理坏道，这时就必须求助于专业的数据恢复公司了。

3. 服务器电源故障

作为服务器运行的动力，服务器电源要有较高的稳定性。品质好的电源，发生故障的情况微乎其微。但是也应当意识到，一旦电源发生故障，整个服务器系统将会彻底瘫痪，带来的损失也是无法估计的。所以在服务器上大多会提供两到三个备用电源，以保障服务器的持续运行。当电源出现故障时，有以下几种简单的解决方法：

(1) 更换故障电源

目前的服务器专用机箱都会提供两到三个电源笼，方便电源的拆卸与安装。当某个电源出现问题时，系统会自动停止使用该电源，而将负载转移到其他电源上，同时还会发出警报。这时可以在不关闭服务器的情况下取出故障电源进行维修，或直接换上备用的电源。电源装好后，系统会自动恢复为正常状态。

(2) 检查电源接口

如果经测试发现故障电源在其他服务器上可以正常使用，问题就有可能出在电源笼与电源模块的接口部分。检查电源笼主要是看接口是否有松动的现象，通常这类问题都是由电源控制电缆固定在电源笼上的接口松动导致的。其次还要确认该接口是否可以通过重新安装加以固定，若固定的卡子已经损坏就只有更换电源控制电缆了。

四、服务器硬件的日常保养方法

服务器是计算机网络运行的基础，所以维护好服务器，是保证网络能够正常运行的根本前提。服务器由于硬件设备众多并且处于十分重要的地位，所以其维护的方法也与普通的 PC 机有所不同，下面介绍服务器硬件的日常维护与保养方法。

1. 服务器开/关机顺序

服务器因为要搭载多个设备，其电源功率通常是 PC 机的几倍之多。为了避免对核心部件造成电压冲击或引发其他故障，服务器系统开/关机应严格遵守以下步骤：

（1）服务器开机顺序
1）打开总电源开关。
2）打开 UPS 电源开关。
3）打开计算机机柜电源。
4）打开外围设备电源（如磁盘阵列，磁带库等）。
5）待外围设备自检完成后，打开主机电源。

（2）服务器关机顺序
1）进行操作系统的关闭。
2）关闭主机电源。
3）关闭外设电源（如磁盘阵列，磁带库等）。
4）关闭其他设备电源和机柜电源。
5）关闭 UPS 电源。
6）最后关闭总电源。

2. 电缆连接注意事项

在进行电缆的插拔时，十分重要的一点是应该先检查该电缆连接的设备有没有通电。如果有通电的设备要先将其电源关闭，然后再进行电缆的连接操作。否则，如果带电进行电缆的插拔，会对硬件设备造成不可预计的损坏。

3. 增添设备

对服务器现有资源进行升级、扩展或增添一些硬件设备是经常会遇到的，在购买或安装硬件之前需要考虑如下问题。

（1）兼容性

在选择购买硬件设备时，需要考虑与原来设备的兼容性问题，避免设备冲突或互不兼容而造成损失。如要增加服务器的内存，则最好选用同一品牌、同一规格的内存，如果服务器用的是 ECC 内存，则必须选用相同的内存，普通的 SDRAM 内存与 ECC 内存在同一台服务器上使用很可能会引起系统严重出错。

（2）有多余的空间或接口

在增添硬件前要先查看服务器的机箱内有无安装设备的空间或接口。如在增加硬盘前要确认是否有空余的硬盘支架、硬盘接口和电源接口，防止购买设备后无法安装。

(3) 电源能够输出足够的功率

安装了新设备必定会增加服务器的功耗,而服务器的现有电源是否能够提供足够的功率就成了一个十分重要的问题。所以在安装设备之前要先计算一下服务器的功耗总和,再与电源的输出功率进行对比。

4. 设备的卸载和更换

在卸载和更换设备时,无论设备是否支持热插拔,最安全的做法是在服务器完全断电并且有良好接地的情况下进行,防止静电对设备造成损坏。此外有些品牌服务器的机箱设计比较特殊,需要有特殊的工具才能打开,在拆卸的时候要仔细阅读说明书,切不可强行拆卸。

5. 除尘

尘土会给服务器的散热性能及稳定性带来极大的影响,是服务器最大的杀手。有些单位可能没有专用的无尘机房,长期不间断的运行会使服务器中沉积大量的灰尘,所以要定期对服务器进行除尘,尤其是要对电源进行除尘。

第三节 计算机病毒的防治

一、计算机病毒的特点

计算机病毒是一种附加到计算机内部的重要区域中的恶意代码。它可能隐藏在可执行文件中,或是在磁盘的引导区中,这样计算机就成为了病毒的宿主。当宿主文件运行并释放恶意代码时,病毒便可达到其破坏数据和进行传播的目的了。

目前,世界上已知的病毒已超过了 20 000 种。在连接网络时,计算机更容易感染病毒。如果不对病毒设置防护措施,那么就可能造成丢失数据,甚至系统崩溃等重大损失。计算机病毒具有传染性、隐蔽性、潜伏性、破坏性等特点。

1. 传染性

传染性是计算机病毒的基本特征。同生物病毒一样,在适当的条件下,计算机病毒可以大量的自我"繁殖",以造成更大范围的破坏。与生物病毒不同的是,计算机病毒是一段人为编制的程序代码,一旦进入计算机并得到执行,便会自动搜寻符合其传染条件的程序或存储介质。目标确定后便将自身代码插入其中,达到自我繁殖的目的。当一台计算机感染病毒后,如果不及时处理,病毒便会迅速扩散开来,在此台计算机上用过的各种存储器或与这台计算机相联网的其他计算机都会被感染。

2. 隐蔽性

病毒程序一般是一段短的小代码,通常附在正常程序中或磁盘较隐蔽的地方,目的是不让用户发现它的存在。病毒在取得系统控制权后,不会马上进行破坏,而是先大量繁殖自己,等到时机成熟时才会发作破坏系统。当用户有所发觉时,病毒可能已经扩散到了其他上百万台计算机中。

3. 潜伏性

大部分的病毒在成功感染系统后，一般不会马上发作，而是隐藏在系统中进行大量的繁殖和广泛的传播。只有等到时机成熟后，也就是满足其特定的条件时才会启动其破坏模块。如破坏性极强的 CIH 病毒，平时会隐藏得很好，只有在发作日才会露出本来面目。

4. 破坏性

不论哪一种病毒在侵入计算机后，都会对系统及程序造成不同程度的影响。按照破坏程度不同，可以将病毒分为良性病毒与恶性病毒两类。良性病毒造成的损失一般比较小，它不会破坏的数据，可能只显示一些画面或播放一些声音，只会对用户的工作造成一些干扰或占去一部分系统资源。恶性病毒则有明确的目的，如破坏数据、删除文件、格式化磁盘等，有的数据被破坏后根本无法恢复。

二、计算机病毒发作的症状

当计算机被感染病毒后，无论病毒处于潜伏期还是已经发作，都会对系统造成一些影响，其主要表现有以下 7 个方面。

1. 计算机反应较平常迟钝

有些病毒在被激活后能够启动某些程序或执行一些动作，所以在打开某个程序的同时，病毒会执行他们自己的动作而占用系统资源，因此，计算机的反应要比平时慢一些。

2. 出现一些不寻常的错误信息

如果系统反复出现一些不寻常的错误信息，如"无法向驱动器 A：写入文件"，则有可能是病毒已试图去感染软盘驱动器了。

3. 硬盘指示灯无故闪烁

如果没有进行读取或写入数据的操作，硬盘灯却在不断地闪烁，则有可能是病毒正在计算机中寻找可感染的目标文件。

4. 可执行文档大小被改变

一般情况下，可执行文件的大小是固定不变的，但是，如果被病毒感染，则会被插入一段代码，改变原来文件的大小。

5. 磁盘可用空间忽然大幅减小

有些病毒在大量复制后会占去许多的磁盘空间，或其目的就是要消耗掉计算机存储体。所以当计算机的可用空间忽然大幅减小时，有可能就是病毒所为。

6. 磁盘出现坏道

有些病毒会将磁盘的某些区域标注为磁盘坏道，而将自己隐藏在其中，以逃过杀毒软件的清查。

7. 程序或文件丢失

删除文件是病毒进行破坏最为常见的一种手段，所以，如果计算机中许多文件无故丢失，那一定是计算机中病毒已经开始发作了。

三、计算机病毒的分类

病毒类型是按照它们感染的内容和逃避检测的方式进行定义的，基本上可分为引导型病毒、程序型病毒和宏病毒三类。

1. 引导型病毒

引导型病毒是将其指令插入到磁盘的引导扇区内，当计算机从受感染的磁盘启动时，病毒便会驻留在内存中并感染其他所有访问该计算机的磁盘。通常，触发引导型病毒发作条件是系统日期或时间。例如，米开朗基罗病毒就是引导型病毒，该病毒在3月6日（米开朗基罗的生日）删除宿主计算机的硬盘。

2. 程序型病毒

程序型病毒是将病毒代码附加到可执行文件中，主要是扩展名为.COM、.EXE、.DLL等的文件。当受感染的文件运行时，病毒代码就会被执行，或是感染其他文件，或是进行破坏。这类病毒造成破坏的程度不等，有些可能只显示一些屏幕消息，但也有可能完全破坏用户的数据。

3. 宏病毒

宏病毒并不会感染程序文件，它的目标是文档文件。通常会选择文字处理软件作为袭击的对象，如 Microsoft Word、Excel、WPS 等。因为这类软件通常带有一些宏类的执行文件，而病毒则可以通过程序定义宏，从而达到破坏的目的。宏病毒也可引起多种破坏，小到在文档中插入不必要的文字，大到降低计算机的性能等。

四、计算机病毒的防治

病毒侵入计算机的途径主要有两种：一种是计算机在进行数据交换时，病毒通过软盘、光盘或其他存储设备进行传播。另一种则是当计算机连接到网络上时，病毒隐藏在传输的数据中从而达到传播的目的。随着网络的快速发展，后者已经成为病毒传播最主要的途径。利用网络进行传播，不仅速度快，而且范围广泛，可以延伸至世界的每一个角落。

由此可见，计算机病毒的侵入主要是借助数据传输的机会，所以在预防时也要采取有针对性的措施。在此，提出如下7点建议。

1. 不要轻易使用外来的软盘

尽量不要使用外来的软盘，如果一定要使用，则必须在使用前用杀毒软件进行清查。

2. 不要轻易打开来路不明的电子邮件

邮件已经成为病毒传播的重要载体，所以当看到来路不明的邮件时，不要打开它，最好直接将其删除。

3. 不去浏览一些不正规或非法的网站

在网络上查找资料时要尽量去一些比较正规的网站，一方面是因为这些网站一般都对自身进行了很好的病毒防护，所以登录后也是比较安全的。另一方面，一些非法网站本身就是带有恶意的。登录后，它会利用各种手段将病毒输入到计算机中。

4. 定期备份重要数据

重要数据主要指系统文件和用户自己的文件，如图片、文档或数据信息等，定期将这些数据进行备份，最好能将其刻在光盘上，以防止被病毒侵袭。

5. 安装病毒实时监控软件或网络防火墙

实时监控软件可以对运行在计算机上的所有程序进行监控，一旦发现病毒便立刻发出警告或将其清除，有效地防止病毒在计算机上的扩散。防火墙则可以对由网络进入的数据进行监控，防止病毒的侵入。

6. 定期使用杀毒软件对计算机进行全面清查

要养成良好的习惯，定期使用杀毒软件对计算机中的所有数据进行清查。

7. 及时更新杀毒软件的版本

杀毒软件都会带有病毒库，如瑞星、诺顿、KV3000等都支持在线更新。为了能够查杀新型的病毒，应当及时上网将杀毒软件更新为最新版本。

第四节　网络基本服务的监视

一、网络基本服务简述

1. WWW 服务介绍

World Wide Web（也称 Web、WWW 或万维网）最早于 1989 年出现于欧洲的粒子物理实验室，WWW 的初衷是为了让科学家以更方便的方式彼此交流思想和研究成果。它是 Internet 上集文本、声音、图像、视频等多种媒体信息于一身的信息服务系统，是 Internet 的重要组成部分。整个系统由 Web 服务器、浏览器（Browser）及通信协议等 3 部分组成。

WWW 的应用是客户机/服务器模式。客户端的应用软件是"浏览器"，它可以进行双向工作，即不仅可以浏览 Web 服务器站点上的各种数据信息，也可以向服务器发送数据信息。

启动 Web 客户程序（即浏览器），如果客户程序配置了缺省主页链接，则自动连接到主页上，否则等待用户输入想查看的 Web 页的地址。客户程序与该地址的服务器连通，并告诉服务器需要哪一页。

2. FTP 服务介绍

FTP 是基于客户机/服务器（Client/Server）模式的服务系统，它由客户机软件、服务器软件和 FTP 通信协议三部分组成。

一个 FTP 服务器可同时为多个客户机提供服务。FTP 服务器总是等待客户机系统向它提出服务应求。但服务器要比客户机复杂得多，因为服务器必须能够同时处理多个客户机并发应求。

如果用户要将一个文件从自己的计算机发送到另一台计算机，就应使用 FTP 上载（Upload）。而更多的情况是用户从服务器上把文件或资源传送到客户机上，称之为FTP下载（Download）。在Internet上有一些计算机叫做FTP服务器，它包含了许多允许人们存取的文件，这些文件包括：文本文件、图形文件、程序文件、声音文件、影像文件等。

FTP的主要功能就是处理文件在不同操作系统下的不兼容性。FTP是一个通过Internet传送文件的系统。FTP客户程序必须与远程的FTP服务器建立连接并登录后，才能进行文件传输。通常，一个用户必须在FTP服务器进行注册，即建立用户账号，拥有合法的登录用户名和密码后，才有可能进行有效的FTP连接和登录。

大多数站点都是匿名（anonymous）FTP。所谓匿名就是这些站点允许任何一个用户免费的登录到它们的计算机上，并从其上复制文件。这类服务器的目的是向社会公众提供免费的文件拷贝服务，因此，它不要求用户事先在该服务器进行注册。与这类"匿名"FTP服务器建立连接时，用户名一般是anonymous，而密码通常是guest或用户的电子邮件地址。

3. DHCP服务介绍

DHCP是Dynamic Host Configuration Protocol（动态主机配置协议）的缩写，在网络中提供DHCP网络服务的计算机称之为DHCP服务器。

DHCP服务器可为众多主机自动分配IP地址，不仅使网络管理员得到解放，还能避免出错。如果网络中的主机多而IP地址不够（例如有400台主机却只有200个IP地址），这时也可以使用DHCP服务器来解决这一问题。DHCP服务器将IP地址租借给上网的主机，当主机下网或IP租约期满时（这个期限可以根据需要进行修改），DHCP服务器便会收回出租的IP地址以再分配给其他上网的主机使用，这样就可用较少的IP地址满足较多的主机上网的需求。例如可以用200个IP地址来满足400台主机上网的需求，当然同时上网的主机数仍然不能超过IP地址的总数。

二、网络实用工具的特点及其使用方法

1. Pathping命令

Pathping命令是路由跟踪工具，它将ping和tracert命令的功能与非这些工具提供的其他信息组合在一起，提供有关在来源和目标之间的中间跃点处的网络滞后和网络丢失的信息。Pathping将多个回显应求消息发送到来源和目标之间的各个路由器一段时间，然后根据各个路由器返回的数据包大小计算其结果。因为Pathping可显示任何特定路由器或链接的数据包的丢失程度，所以用户可据此确定引起网络问题的路由器或子网。Pathping通过识别路径上的路由器来执行与tracert命令相同的功能。然后，该命令根据指定的时间间隔定期将ping发送到所有的路由器，并根据每个路由器的返回数值生成统计结果。如果不指定参数，Pathping则显示帮助。

命令格式：

Pathping [－n] [－h MaximumHops] [－g HostList] [－p Period]

[－q NumQueries] [－w Timeout] [－T] [－R] [TargetName]

参数说明：

－n 阻止 Pathping 试图将中间路由器的 IP 地址解析为各自的名称。这有可能加快显示 Pathping 的结果。

－h MaximumHops 在搜索目标（目的）的路径中指定跃点的最大数。默认值为 30 个跃点。

－g HostList 指定回显应求消息在 IP 标题中使用"松散源路由"选项（该 IP 标题带有 HostList 中指定的中间目标集）。可以由一个或多个具有松散源路由的路由器分隔中间的目的地。主机列表中的地址或名称的最大数为 9。HostList 是一系列由空格分隔的 IP 地址（带点的十进制符号）。

－p Period 指定两个连续的 ping 之间的时间间隔（以 ms 为单位）。默认值为 250 ms（1/4 s）。

－q NumQueries 指定发送到路径中每个路由器的回显应求消息数。默认值为 100 个查询。

－w Timeout 指定等待应答的时间（以 ms 为单位）。默认值为 3 000 ms（3 s）。

－T 在向路由所经过的每个网络设备发送的回显应求消息上附加一个 2 级优先级标记（例如 802.1p）。这有助于标识不具有 2 级优先级功能的网络设备。此开关用于测试服务质量（QoS）的连通性。

－R 确定路由所经过的每个网络设备是否支持"资源预留设置协议（RSVP）"，该协议允许主机计算机为某一数据流保留一定数量的带宽。此开关用于测试服务质量（QoS）的连通性。

TargetName 指定目的端，它既可以是 IP 地址，也可以是主机名。

/? 在"命令提示符"显示帮助。

2. Net 命令

Net 命令是 Windows 网络客户主要的命令行控制工具。可用 Net 来实现用图形工具如 Windows Explorer 所实现的网络功能，且由于 Net 是命令行工具，所以可将它们包含在登录脚本和批处理文件中。例如，可用 Net 来登录或注销网络、把驱动字母映射到指定的网络共享、启动和停止服务以及在网络上查找共享资源。Net 命令是通过调用文件 Net.exe 来实现的，该文件是在安装操作系统时被安装于系统目录（C:\Windows 或 C:\Winnt）上。为使用程序，可从带有子命令的命令行执行该文件，它可以带另外的参数。

3. Netsh 命令

Netsh 是一个命令行脚本实用程序，可让用户从本地或远程显示或修改当前运行的计算机的网络配置。Netsh 还提供了允许用户使用批处理模式对指定的计算机运行一组命令的脚本功能。Netsh 实用程序也可以将配置脚本以文本文件形式保存，以便存档或帮助配置其他服务器。

Netsh 利用动态链接库（DLL）文件与其他操作系统组件交互操作。每一个 Netsh 命令都为主程序的 DLL 提供了称做上下文的功能集，这种上下文是一组与特定的网络组件相关的命令组。这些上下文通过提供对一个或多个服务、实用程序或协议的配置和监视支持而扩展了 Netsh 功能。例如，Dhcpmon.dll 提供了用于配置和管理 DHCP 服务器的 Netsh 上下文和命令集。

要运行 netsh 命令，必须从 Cmd.exe 提示符启动 netsh 并切换到包含要使用命令的上下文中。用户可以使用的上下文取决于用户已安装的网络组件。例如，如果在 Netsh "命令提示符"下键入 dhcp，则将切换到 DHCP 上下文中。

4. Route 命令

在本地 IP 路由表中显示和修改条目。使用不带参数的 Route 可以显示帮助。

命令格式：

Route [-f] [-p] [Command [Destination] [MASK netmask] [Gateway] [metric Metric] [if Interface]]

参数说明：

-f 清除所有不是主路由（网掩码为 255.255.255.255 的路由）的路由、环回网络路由（目标为 127.0.0.0，网掩码为 255.255.255.0 的路由）或多播路由（目标为 224.0.0.0，网掩码为 240.0.0.0 的路由）的条目的路由表。如果它与命令（例如 add、change 或 delete）结合使用，路由表会在运行命令之前清除。

-p 与 add 命令共同使用时，指定路由被添加到注册表并在启动 TCP/IP 协议的时候初始化 IP 路由表。默认情况下，启动 TCP/IP 协议时不会保存添加的路由。与 Print 命令一起使用时，则显示永久路由列表。所有其他的命令都忽略此参数。永久路由存储在注册表中的位置是："HKEY_LOCAL_MACHINE\SYSTEM\CurrentControlSet\Services\Tcpip\Parameters\PersistentRoutes"。

Command 指定要运行的命令。表 7—1 列出了有效的命令。

表 7—1　　　　　　　　Route 中携带的命令参数

命令	功能
add	添加路由
change	更改现存路由
delete	删除路由
print	打印路由

Destination 指定路由的网络目标地址。目标地址可以是一个 IP 网络地址（其中网络地址的主机地址位设置为 0），对于主机路由是 IP 地址，对于默认路由是 0.0.0.0。

MASK netmask　指定与网络目标地址相关联的网络掩码（又称之为子网掩码）。子网掩码对于 IP 网络地址可以是一适当的子网掩码，对于主机路由是 255.255.255.255，对于默认路由是 0.0.0.0。如果忽略，则使用子网掩码 255.255.255.255。定义路由时由于目标地址和子网掩码之间的关系，目标地址不能比它对应的子网掩码更为详细。换句话说，如果子网掩码的一位是 0，则目标地址中的对应位就不能设置为 1。

Gateway　指定不在网络目标和子网掩码定义范围内的可达到的地址集的前一个或下一个跃点 IP 地址。对于本地连接的子网路由，网关地址是分配给连接子网接口的 IP 地址。对于要经过一个或多个路由器才可用到的远程路由，网关地址是一个分配给相邻路由器的、可直接达到的 IP 地址。

metric Metric　为路由指定所需跃点数的整数值（范围是 1～9999），它用来在路由表里的多个路由中选择与转发包中的目标地址最为匹配的路由。所选的路由具有最少的跃点数。跃点数能够反映跃点的数量、路径的速度、路径可靠性、路径吞吐量以及管理属性。

if Interface　指定目标可以到达的接口的接口索引。使用 route print 命令可以显示接口及其对应接口索引的列表。对于接口索引可以使用十进制或十六进制的值。对于十六进制值，要在十六进制数的前面加上 0x。忽略 if 参数时，接口由网关地址确定。

/?　在"命令提示符"显示帮助。

第八单元

服务器和网络终端设备维护的操作技能

第一节 网络终端设备的安装与配置

一、操作系统的安装与配置

操作系统是终端设备和应用软件运行的平台，是实现其他功能的基础。下面就以 Windows 2000 Professional 为例，简述操作系统的安装与配置过程。

1. 操作系统安装

（1）设置 BIOS

Windows 2000 Professional 支持从光盘直接启动安装，若主板不支持此项功能，则需要启动盘（软盘）进行引导安装。要从光盘启动，就必须先对 BIOS 进行设置。启动计算机后，在系统自检时按下 Del 键进入 BIOS 设置面板（如图 8—1 所示），将第一启动盘设为 CD-ROM，然后按 F10 保存退出。

（2）设置安装目录

将 Windows 2000 Professional 安装盘放入 CD-ROM，重新启动后系统会进入 Windows 的安装界面。首先需要设置其安装目录，默认的安装分区为 C 盘。设置完成后单击下一步，安装程序将会对硬盘进行检查，然后将安装所需要的文件复制到计算机上，初始化 Windows 2000 的配置，重新启动计算机。

（3）完成基本设置

再次启动后会进入图形化的安装界面，安装程序会对键盘、鼠标等硬件外围设备进行检测并安装相应的驱动程序。然后会要求用户选择系统区域设置和用户区域设置，这里保持默认设置即可，然后单击"下一

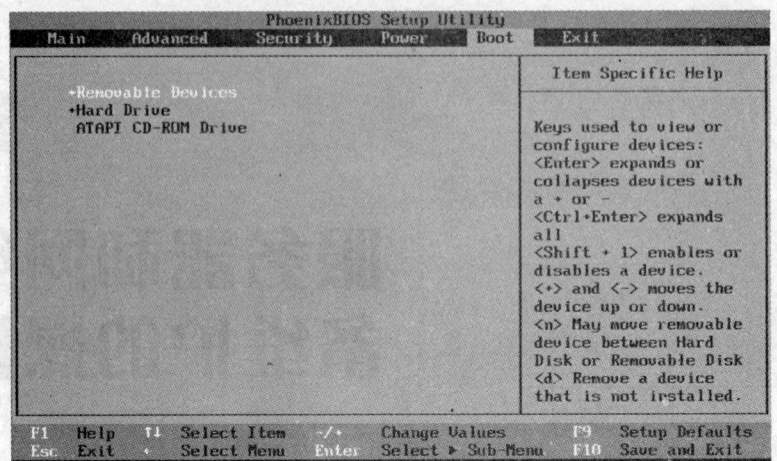

图8—1　BIOS设置窗口

步"按钮。输入使用者的姓名和单位名称,填写系统管理员开机密码。单击"下一步"按钮,设置日期和时间(通常使用默认值即可)。

(4) 安装网络组件

进入"网络组件"安装画面后出现两个选项,如果该计算机暂时不加入到某个工作组当中则选择第一项:"不,此计算机不在网络上…"。如果需要加入工作组,则选择第二项:"是,把此计算机作为下面域的成员",并在下面的"工作组或计算机域"中填写工作组的名称,如"WORKGROUP"。

单击"下一步"按钮后安装程序开始安装网络组件并对"电话和调制解调器"进行配置,需要输入区号、拨打外线的号码等内容。

(5) 安装 Windows 2000 组件

安装程序会自动安装 Windows 2000 组件,并完成剩下的工作,包括"安装开始菜单项目""注册组件""保存设置"和"删除用过的临时文件"等。等所有的安装都完成后,单击"完成"按钮,计算机会重新启动,正式进入 Windows 2000 Professional。

2. 系统配置

(1) 安装硬件设备驱动程序

在完成 Windows 2000 Professional 的安装后,系统会为一些硬件设备安装默认的驱动程序,如声卡、显卡等。但这些驱动程序可能并不完全适用于用户的硬件,还需要对其进行驱动程序的手动安装。

可以从安装盘或网络上得到设备的驱动程序,然后打开"控制面板/系统/硬件管理"面板,双击要安装驱动的硬件设备图标,打开其属性面板,如图8—2所示。然后单击"更新驱动程序",选择驱动程序所存放的位置进行安装。完成后重新启动计算机便可以正常使用设备了。

(2) 配置网络

Windows 2000 Professional 将建立拨号连接的程序放到了控制面板

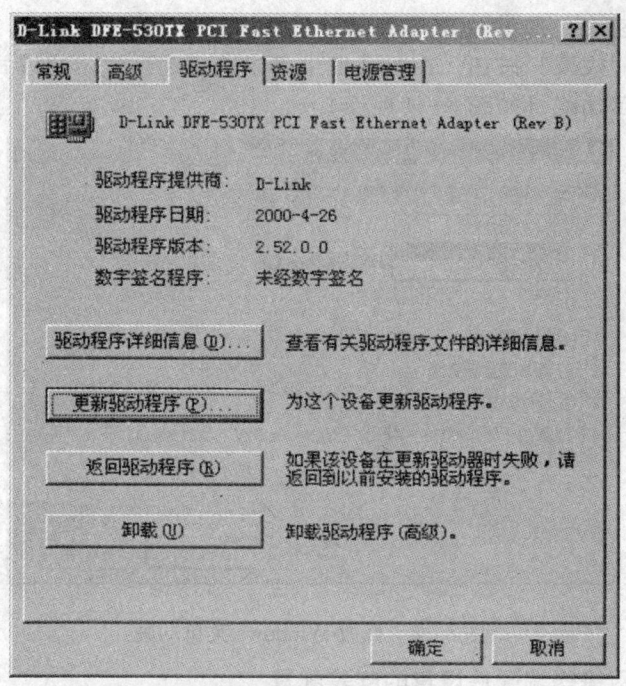

图 8—2 网卡的属性

中，在"控制面板"中打开"网络和拨号连接"，单击"建立新连接"，将会出现"网络连接向导"，选择"拨号到 Internet"，然后在"连接到"面板中输入电话号码、用户名、密码、拨号位置等，单击"连接"按钮完成拨号上网的设置，如图 8—3 所示。

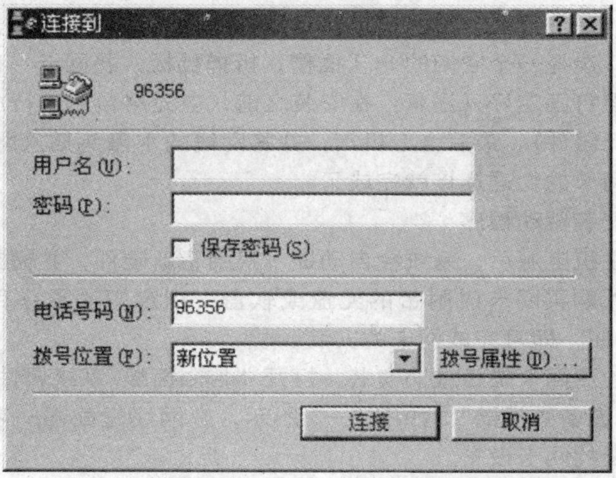

图 8—3 拨号连接

(3) 修改菜单动画

在 Windows 2000 Professional 中新加入了弹出菜单的动画效果，在带来良好视觉效果的同时也会给系统带来不小的负担。如果想得到理想的运行速度,最好将菜单动画功能关闭。打开桌面属性,选择样式栏,单击"效果"按钮,在对话框中可以选择动画显示的模式或关闭该动画的显示功能(如图8—4所示)。

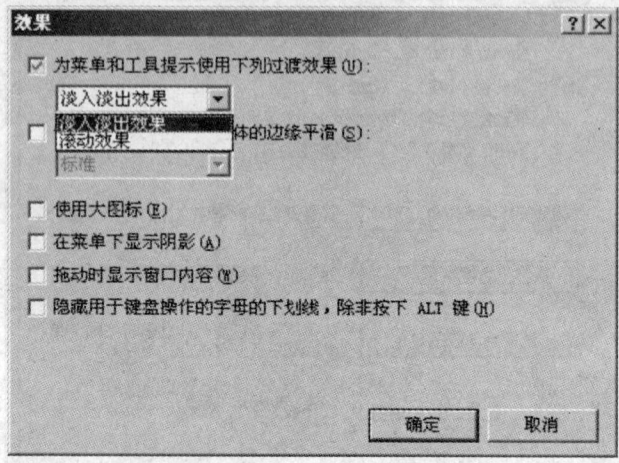

图8—4 修改Windows菜单动画

二、网络终端硬件设备的安装配置

1. 网卡的安装与配置

网卡是接入局域网的必备设备,也是使用ADSL(网卡型)接入Internet的必需设备。只有正确的安装并配置网卡后,才能够接入到网络。下面介绍网卡的安装与配置过程。

(1)硬件安装

网卡的硬件安装非常的简单,与一般的PCI设备没有太多区别。打开机箱盖,选择一个空闲的PCI插槽,拆掉挡板,将网卡平稳的插入槽中,并用螺钉固定好(注意:在安装之前,应先对自己进行放电,以免静电损坏元器件)。最后合上机箱,并将网线的水晶头插入网卡的RJ45接口中,网卡的物理连接就完成了。

(2)安装驱动程序

打开主机电源后,系统会自动提示找到了新硬件,并需要安装驱动程序。插入购买网卡时附带的光盘或软盘,指定驱动程序目录后单击"确定"按钮,即可完成网卡的安装。

为了检测网卡是否成功安装,打开"控制面板/系统属性",然后选择"硬件/设备管理器"。如图8—5所示,在网络适配器一项中便可看到刚刚安装的网卡设备。

如果在网卡名称的前面出现了一个黄色的大问号,这种情况表明网卡与其他设备出现了硬件资源冲突,虽然安装了网卡驱动,但还是无法正常工作。这时就必须更改网卡的参数,以消除硬件冲突。双击带问号的网卡,打开其属性面板,然后选择"资源"一项,如图8—6所示。

在这里需要更改网卡的中断应求号(IRQ),首先取消掉"使用自

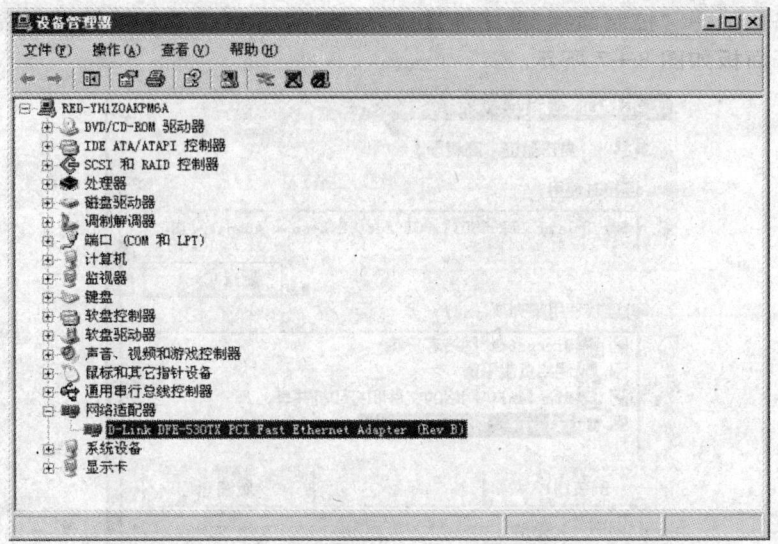

图 8—5　网卡出现在系统设备中

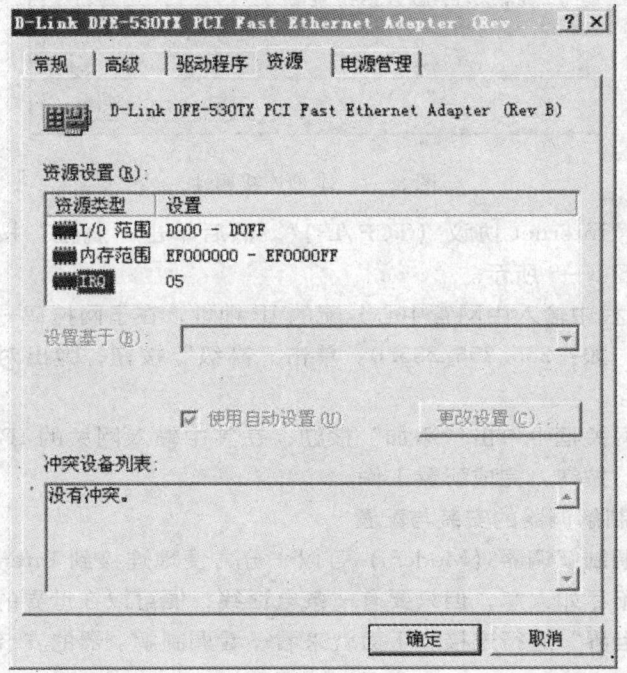

图 8—6　网卡属性

动设置"选项，然后单击"更改设置"按钮，在这里另选一个与其他设备没有冲突的中断号，单击"确定"按钮后重新启动计算机。

（3）配置网络协议和地址

在安装好网卡后，还需要配置一下网卡的本地设置才能够接通本地网络。选择"控制面板/网络连接/本地连接",然后单击"属性"按钮,打开面板如图 8—7 所示。

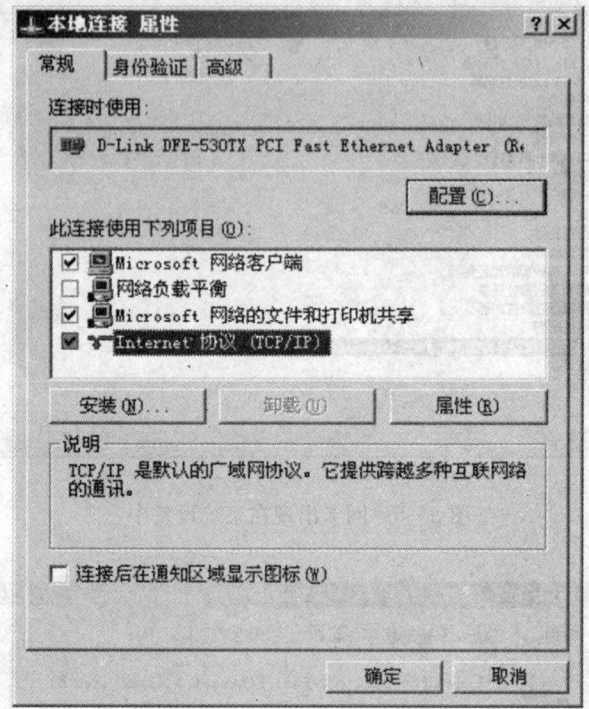

图 8—7 本地连接属性

选择"Internet 协议(TCP/IP)",然后单击"属性"按钮,弹出对话框如图 8—8 所示。

在 IP 栏中输入由网管中心分配的 IP 地址,在子网掩码一栏中输入子网掩码,如:255.255.255.0。单击"高级"按钮,弹出对话框如图 8—9 所示。

默认网关框中单击"添加"按钮,在其中输入网关的 IP 地址后单击"确定"按钮,完成配置工作。

2. 调制解调器的安装与配置

使用调制解调器(Modem)可以十分方便地连接到 Internet,虽然速度有些不尽如人意,但只要有一条电话线,便可以在世界的任何一个角落与"世界"进行连接。下面就来看一看调制解调器的安装与配置方法。

(1) 调制解调器硬件安装

目前有内置与外置两种 Modem,它们安装方法有所不同。

1) 内置调制解调器的安装 内置 Modem 相当于计算机的一块扩展卡,打开机箱后将其插在空闲扩展槽中,固定后合上机箱,最后将电话线的水晶头插在 Modem 的接口上就完成安装工作了。

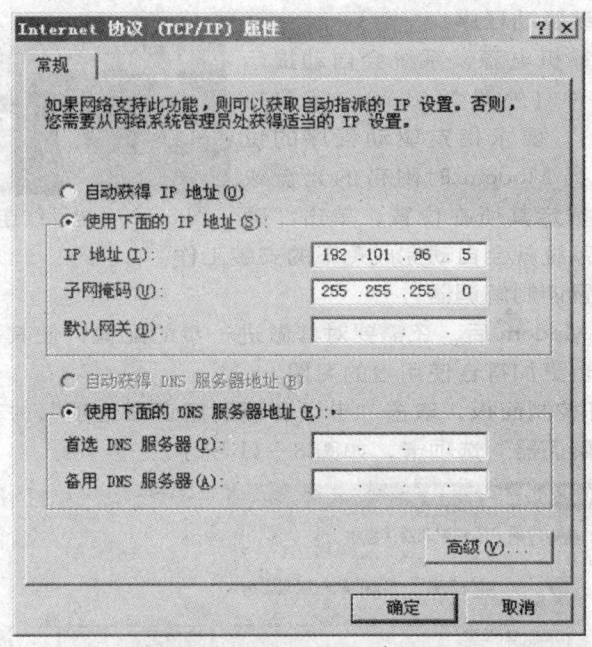

图 8—8　协议属性窗口

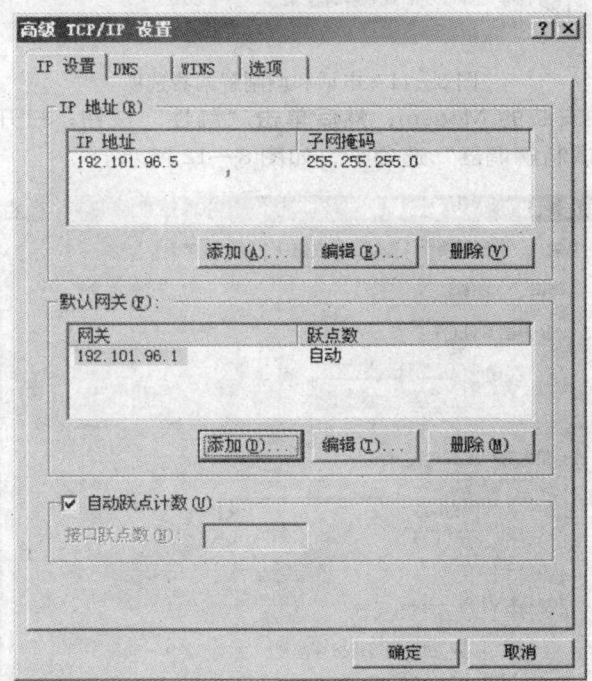

图 8—9　设置网关

2）外置调制解调器的安装　外置 Modem 的安装相对要简单一些，将其信号线接在计算机的串口上，接上外接电源，最后将电话线水晶头插入 Modem 的"Line In"接口上即可。如图 8—10 所示。

(2)安装驱动程序

打开计算机电源,系统会自动提示找到了新硬件(外置 Modem 一定要打开电源开关),要求指定驱动程序的位置。插入购买 Modem 时附带的光盘或软盘,然后指定其所在位置,单击"确定"按钮,系统就会自动完成剩下的安装工作。

图 8—10 电话线连接 Modem

(3)配置调制解调器

安装好 Modem 后,还需要对其做进一步的配置,使其可以发挥出最大速率,也更加符合使用者的习惯。

1)打开控制面板,双击"电话和调制解调器选项",打开面板后,选择"调制解调器"选项卡,如图 8—11 所示。

图 8—11 电话和调制解调器选项

2)选中安装的 Modem,然后单击"属性"按钮,打开属性面板,然后选择"调制解调器"选项卡,如图 8—12 所示。

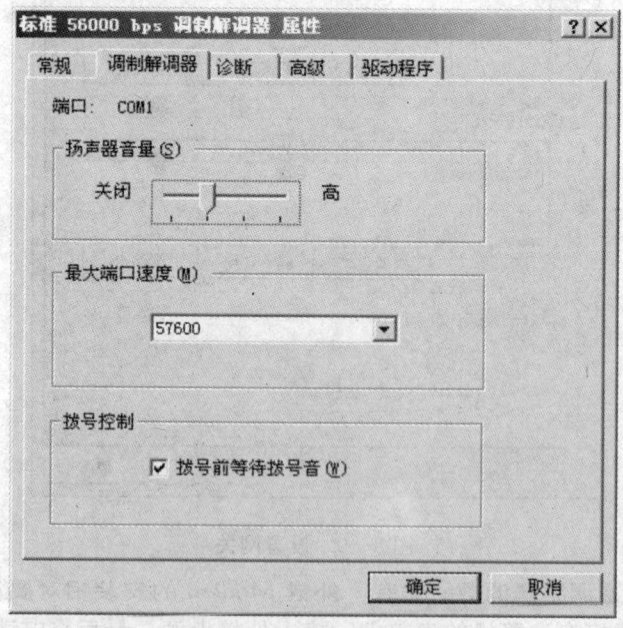

图 8—12 调制解调器属性

3) 在"扬声器音量"选项组中,可以设置 Modem 在拨号连接时所发出的拨号音的大小。在"最大端口速度"选项组中,可以在下拉菜单中选择 Modem 的最大端口速度。在"拨号控制"选项组中,可以选择是否让 Modem 在拨号前等待拨号音。

4) 选择"驱动程序"选项卡,打开设置驱动程序面板,如图 8—13 所示。

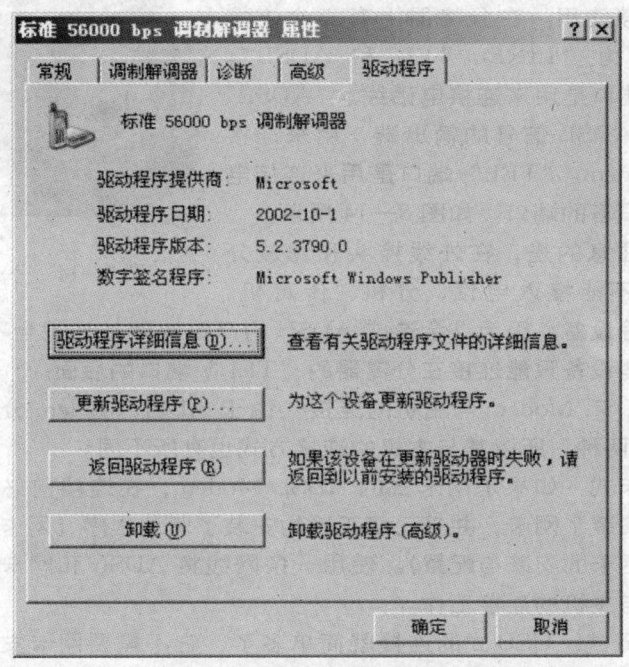

图 8—13 设置驱动程序

在此面板中,可以查看 Modem 驱动程序的版本号,也可进行更新驱动程序或卸载驱动程序等操作。

3. ADSL Modem

目前,ADSL 已经成为企业和个人用户宽带接入 Internet 的重要方式之一。ADSL Modem 是 ADSL 客户端的专用接入设备,与普通的调制解调器实现的功能类似,只是 ADSL Modem 可以提供更高的带宽速度。ADSL 的 Modem 也分为内置和外置两种,外置又包括标准局域网接口(网卡)和 USB 接口。由于目前外置 Modem 较为普遍,所以将会重点介绍外置 ADSL Modem 的安装方法。

(1) ADSL Modem 的安装

外置 ADSL Modem 的安装十分简单,与普通调制解调器的安装基本类似,但还是需要注意以下几点:

1) 电话线检查 由于 ADSL 的数据传输量大,技术要求高,所以对线路的电气性能也提出了较高的要求。在连接 ADSL 之前,应当先检查接入室内的电话线的各个连接点是否稳固，是否有氧化的接点。如发现问题应提前处理或重新连接稳固。

2）连接滤波分离器　滤波分离器用于将电话线中的 ADSL 信号分离出来，内置的 ADSL Modem 将分离器集成在板卡上，而外置 ADSL Modem 则必须使用独立的分离器才能够使用。在分离器上有三个连接口，分别为"LINE、TEL 和 ADSL"。"LINE"端口是用来连接电话线。"ADSL"端口则是 ADSL 信号的输出端，用来连接 ADSL Modem。"TEL"端口是用来连接电话或其他设备的端口。如图 8—14 所示。

图 8—14　分离器

需要注意的是，在外线接头和滤波分离器之间不能接入电话、分机、传真机、防盗打器等设备。因为这会造成 ADSL 的严重故障甚至完全不能使用。所以，这些设备只能连接在分离器的"TEL"端口的后面。

3）ADSL Modem 与主机的连接　由于 ADSL Modem 分为网卡式和 USB 式两种，所以其与主机的连接方式也有所不同。

①网卡式　如果是网卡式的 ADSL Modem，在连接前必须确认主机内已经安装了网卡，并且已经正确的安装了驱动程序（网卡的安装方法请参照网卡的安装与配置）。使用一条网线将 ADSL 和网卡连接起来就完成了与主机的连接工作。

②USB 式　USB 式的连接就简单多了，它不需要网卡支持，直接使用 USB 接口连接就可以了。

4）连接电源　外置式的 ADSL Modem 需要有单独的电源供电，连接好电源后就完成了所有的硬件安装。

（2）安装驱动程序

ADSL Modem 会附带一张驱动程序安装盘，其安装方法与一般设备的安装类似。如果使用的系统是 Window XP 或更高版本，则不需要手动安装驱动，系统会自动识别设备，并为其安装驱动程序。

（3）配置 ADSL Modem

ADSL 接入互联网方式主要有两种，专线接入和虚拟拨号。所以在硬件连接完成后，对软件的安装设置也有所不同。

1）专线接入方式　专线接入方式主要针对企业用户。由 ISP（Internet Service Provider，互联网服务提供商）分配给用户静态 IP 地址（如图 8—15 所示）、主机名称和 DNS 等入网信息。安装好 TCP/IP 协议后，直接在网卡上设定好 IP 地址，DNS 服务器等信息后，就可以直接连接到互联网上了。

2）虚拟拨号方式　虚拟拨号方式主要针对个人用户。使用 PPPoE（Point to Point Protocol over Ethernet，基于以太网的点对点协议）协

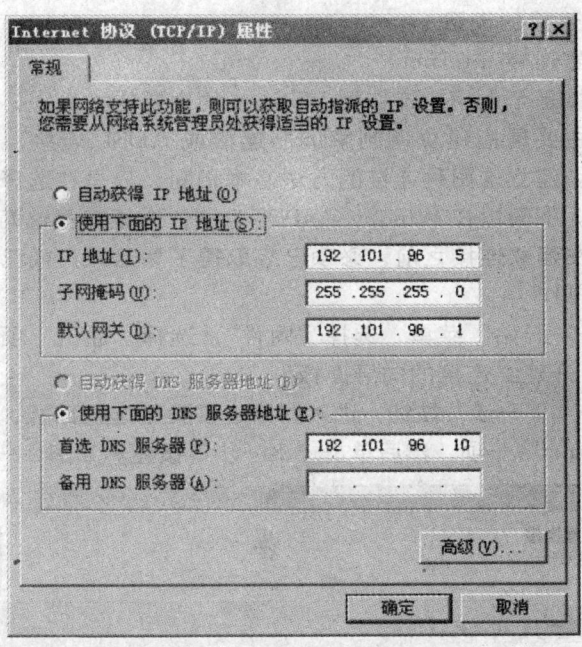

图 8—15 分配静态 IP 地址

议软件，然后按照常规的拨号方式上网，ISP 会为 ADSL 用户自动分配网络连接地址（如图 8—16 所示）。可以使用 ISP 提供的 PPPoE 软件，也可以使用 Windows 自带的拨号软件。

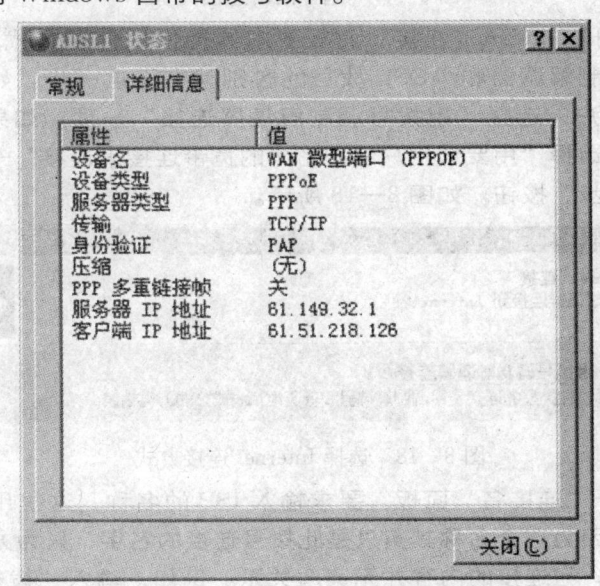

图 8—16 ADSL 状态信息

三、网络客户端设备的软件安装配置

在完成网络硬件设备的安装和配置后，想要连接到 Internet，还需要软件协助。下面学习如何配置客户端软件。

1. 网络连接的设置

(1) 拨号连接 Internet

拨号连接是个人用户连接到 Internet 的主要方式之一，这里所指建立拨号连接主要是指建立调制解调器连接或 ADSL 连接，由用户所使用设备而定。建立这两种连接的方法基本相同，只是在选择连接方式时会有所不同。下面以在 Windows XP 下为例，介绍建立这两种连接的方法（注意：在建立连接之前，必须已经取得了拨号账户或已经申请成为 ADSL 的用户）。

1) 打开"开始"菜单，选择"附件"，选择"通讯"项中"新建连接向导"，打开建立连接的向导面板。

2) 单击"下一步"按钮，进入网络连接类型选择面板，在这里选择"连接到 Internet"一项，然后单击"下一步"按钮。如图 8—17 所示。

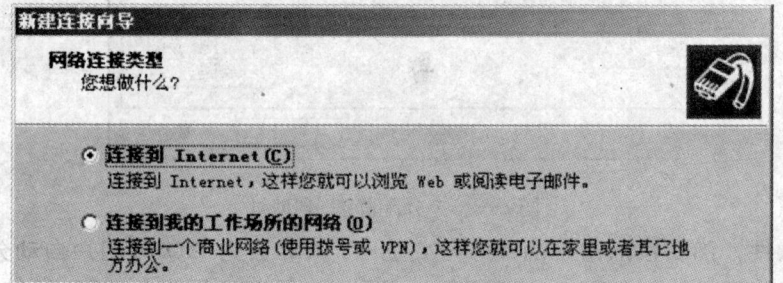

图 8—17 选择网络连接类型

3) 打开"Internet 连接"面板要求选择使用何种方式建立连接，建立普通调制解调器和 ADSL 拨号的区别就在于这一步。如果是电话拨号上网用户，选择"用拨号调制解调器连接"一项。如果是 ADSL 用户，则应选择"用要求用户名和密码的宽带连接来连接"一项，然后单击"下一步"按钮。如图 8—18 所示。

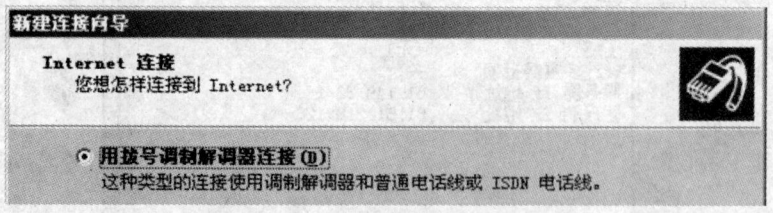

图 8—18 选择 Internet 连接方式

4) 打开"连接名"面板，要求输入 ISP 的名称，这里用户可以自定义名称。因为这个名称其实只是此拨号连接的名字，只为方便用户区分所用连接，与连接的内容并无实质关系。例如，输入"拨号 95700"，然后单击"下一步"按钮。如图 8—19 所示。

5) 如果是拨号用户，系统会在接下来的面板中要求输入所要拨叫的 ISP 电话号码。例如，输入"95700"，然后单击"下一步"按钮。如图 8—20 所示（注意：如果是 ADSL 用户，则不用输入此项）。

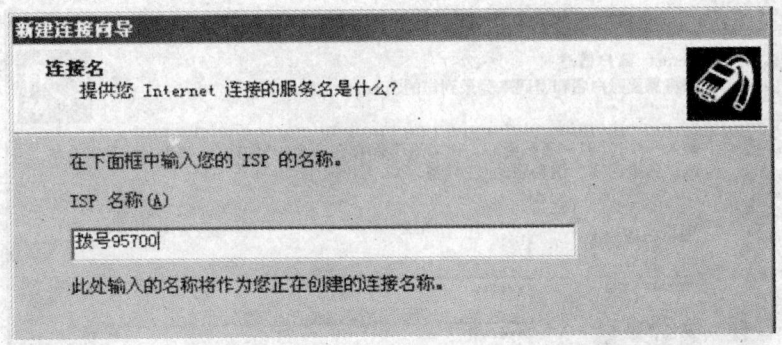

图 8—19　输入 Internet 连接的 ISP 名称

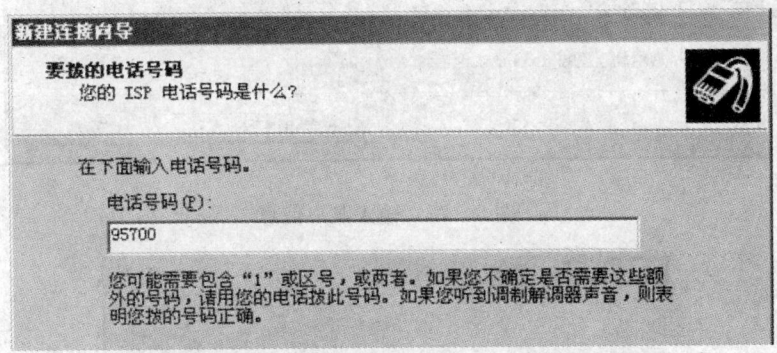

图 8—20　输入 ISP 电话

6）接下来会要求选择此连接的使用者，可以根据自身情况进行选择，然后单击"下一步"按钮。如图 8—21 所示。

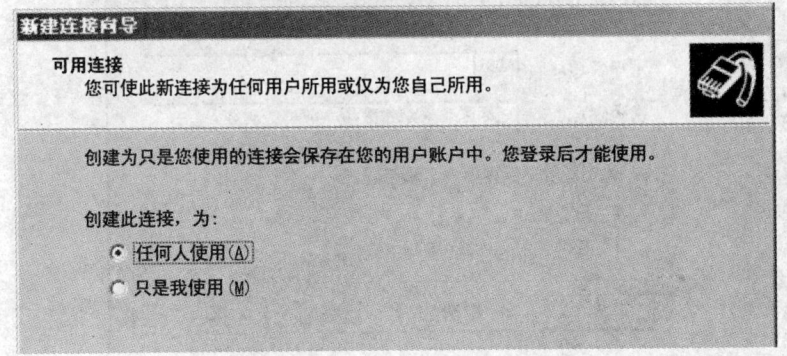

图 8—21　设置连接的使用者

7）接下来是要求输入的账户名和密码，这些信息 ISP 会在申请注册后提供给用户。然后根据需要设置下面的三个选项，单击"下一步"按钮。如图 8—22 所示。

8）到此，连接就建立完成了。当需要连接到 Internet 上时，只需要双击打开的连接，然后单击"连接"按钮即可，如图 8—23 所示。

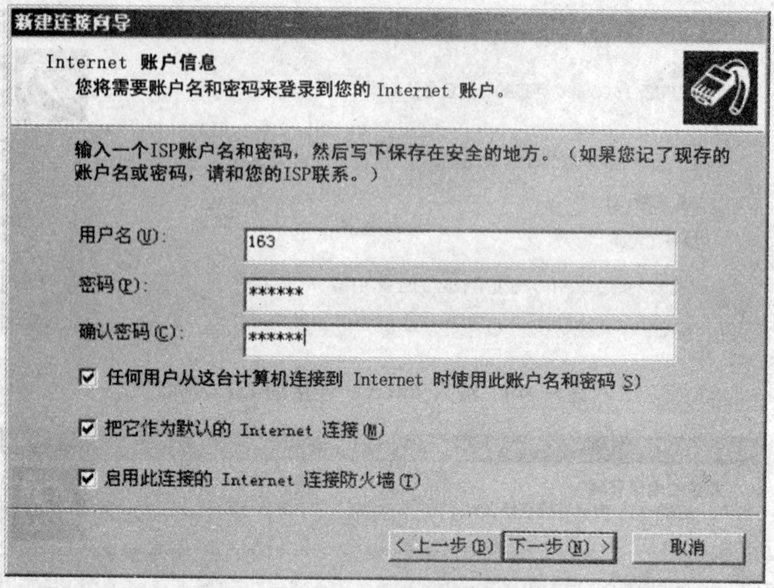

图 8—22 输入账户信息

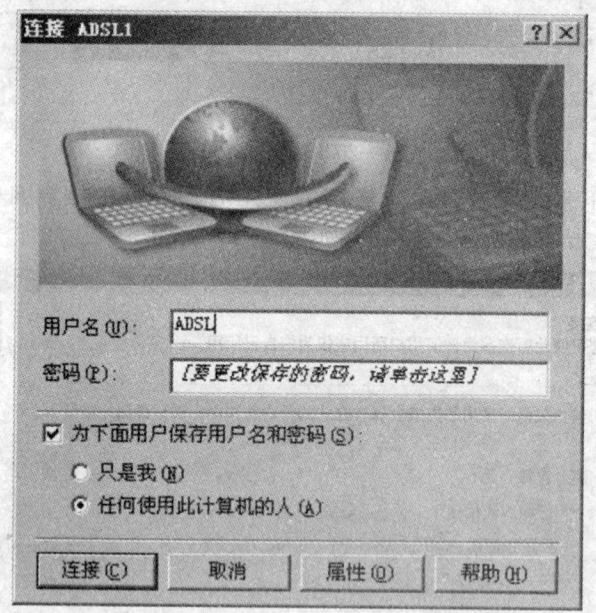

图 8—23 连接 Internet

如果连接成功,则会在屏幕右下角的任务栏中显示 " " 两个小计算机的图标。

(2) 连接局域网

目前,局域网的应用十分广泛。局域网可以让用户实现文件传输、资源共享、连接 Internet 等功能,真正实现无纸化办公。下面介绍如何将一台计算机接入到局域网中。

1）硬件准备　在连接到局域网前，必须确定计算机已经安装了网卡和相应的驱动程序（网卡的安装方法应参阅前文"网卡的安装与配置"）。然后使用网线将计算机和集线器或交换机连接起来。

2）加入局域网　打开"控制面板/系统"，选择"计算机名"选项卡，如图8—24所示。

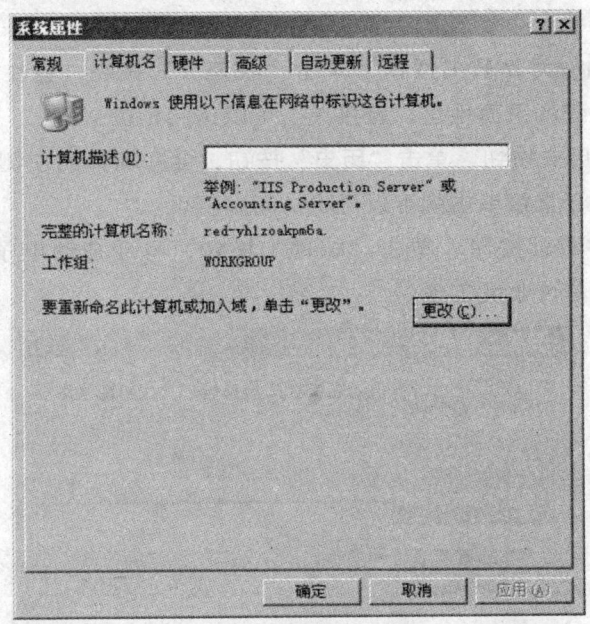

图8—24　设置计算机名称

在这里可设置此计算机的名称和所要加入的工作组（在没有设置之前，系统会为计算机默认一个名称和工作组）。单击"更改"按钮，打开面板如图8—25所示。

在"计算机名"和"工作组"选项中分别输入计算机名（可自定义）和要加入的工作组的名称（可从网络管理员处得到），然后单击"确定"，完成设置。

这时用户已经加入到局域网当中，可以通过网上邻居来访问局域网中的其他计算机了。

2. IE浏览器的配置方法

IE浏览器是上网浏览网页的常用工具，首先先简单了解一些IE的基本操作。启动IE后，在窗口的顶部提供了IE的全部功能操作菜单和按钮，如图8—26所示。

（1）进行网页浏览

首先在"地址"栏中输入所要访问的网站地址，如http：//www.baidu.com，然后单击"回车"键，进入该网站的首页。

在地址栏的上方有一行功能按钮，它们的功能分别为：

1) ![后退] 后退按钮 单击"后退"按钮,可以回到前面已经访问过的网页。

2) ![前进] 前进按钮 单击"前进"按钮,可以回到下一页面中。通过"后退"和"前进"这两个按钮,可以在所有访问过的页面间进行切换。

3) ![停止] 停止按钮 单击"停止"按钮,会停止访问正在打开的页面,然后等待用户输入其他地址。

4) ![收藏夹] 收藏夹按钮 单击"收藏夹"按钮,会在窗口的左侧列出所有收藏的页面地址,直接单击可以访问相应页面。

5) ![历史] 历史按钮 单击"历史"按钮,会在窗口的左侧列出近期访问过的网页,直接单击就可以再次访问该网页。

6) ![邮件] 邮件按钮 单击"邮件"按钮,将会启动电子邮件程序,进行网上的信件收发工作。

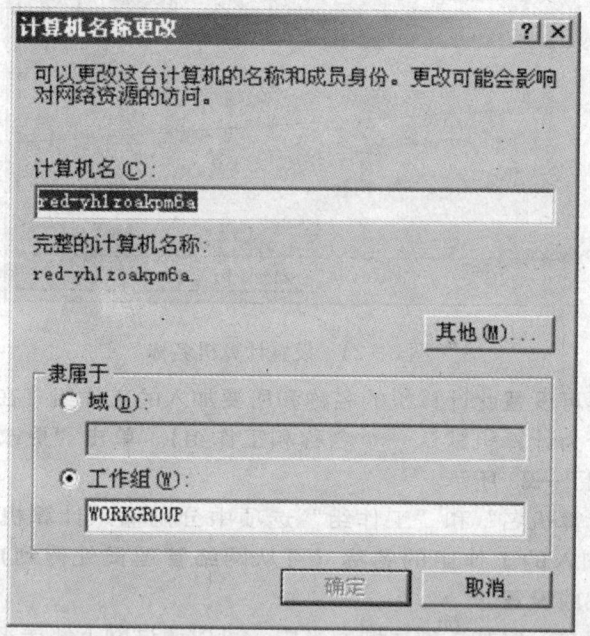

图8—25 设置计算机名称及工作组

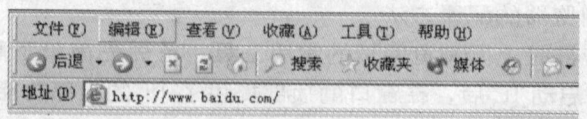

图8—26 IE控制栏

(2) 浏览器的设置方法

为了使浏览器的使用更加灵活,更好地满足个性化的特殊需求,需要对IE浏览器进行必要的设置。打开"控制面板/Internet 选项",打开的面板上列出了可设置的项目,包括"常规""安全""内容""连接""程序"及"高级",下面具体学习设置的方法。

1) 常规 在"常规"选项卡中可以对主页、临时文件、历史记录及 Web 页显示的字体、颜色、语言、辅助功能等进行设置。如图 8—27 所示。

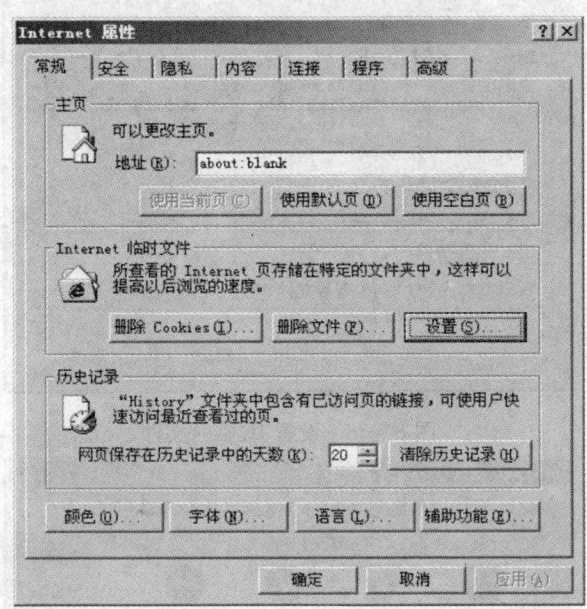

图 8—27 Internet 属性常规选项

①主页 "主页"是用来设置当用户启动 IE 后默认打开的页面,在"地址"栏中输入页面的地址即可。如果不想使用此项,则可以单击"使用空白页"按钮,这样启动 IE 时就会打开一个空白的页面。

②Internet 临时文件 为了提高网页的访问效率,IE 会将最近一段时间内所访问过的页面保存在计算机上,形成 Internet 临时文件。当再次访问该页面时,就不用再从站点下载。单击"设置"按钮,可以对临时文件进行更多的操作,如图 8—28 所示。

在此面板中,可以设置 IE 何时检查网页是否更新,临时文件夹的大小及存放的位置等。

③历史记录 在这里可以选择网页在历史记录中保存的天数,以确保用户可以脱机浏览,又防止过期的文件占用磁盘空间。

④其他功能按钮 通过位于底部的几个功能按钮可以设置页面显示的颜色、字体、语言、外观等。

2) 安全 安全选项卡是用来解决 IE 在浏览时的安全问题的,可以通过设置不同的安全级别进行控制。一般用户将安全级别定义为"中"就可以了,也可以通过单击"自定义级别"按钮,以便可以更加具体的设置安全属性,如是否允许响应 ActiveX 控件,是否允许下载等内容。如图 8—29 所示。

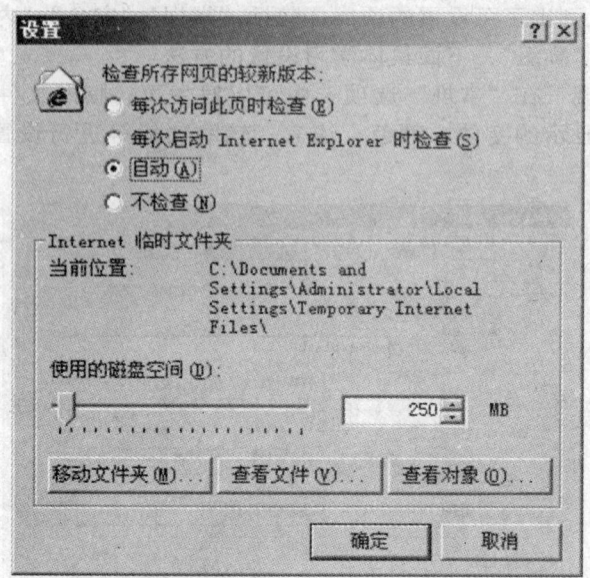

图 8—28 设置 IE 临时文件

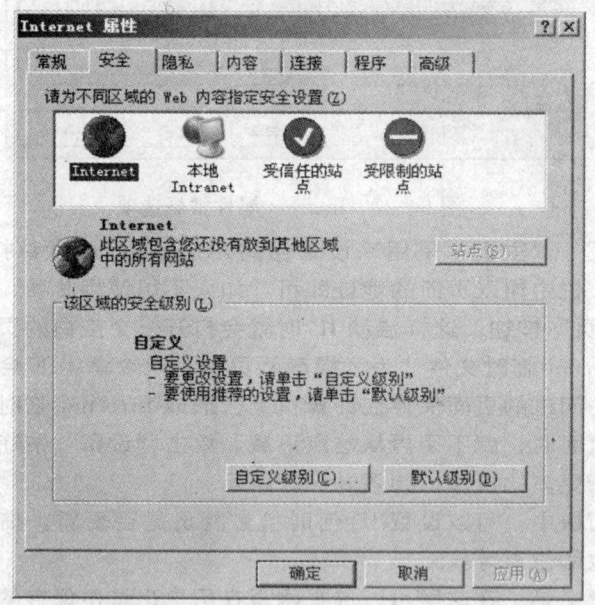

图 8—29 Internet 属性安全设置

3) 内容 在这里可以设定哪些类型的网页不允许被打开,这对于家长防止孩子浏览非法或成人网站十分有效。在"个人信息"选项组中,用户可以通过单击"配置文件"按钮来输入自己的个人信息,然后再单击"自动完成"按钮,启动自动完成功能。这样当用户上网遇到需要输入个人信息的情况时,系统会自动填写如姓名、账号、邮件地址等信息,可谓是一劳永逸。但同时也会带来信息的安全性问题,所以一定要慎重使用。如图 8—30 所示。

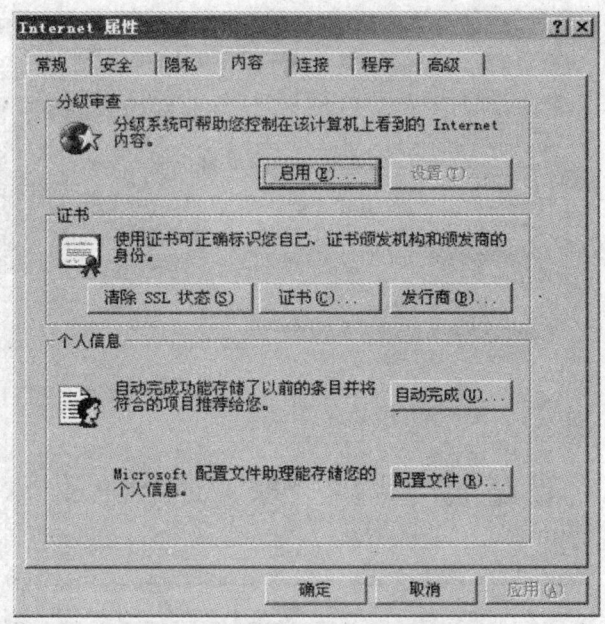

图 8—30 Internet 属性内容设置

在"内容"选项卡中,单击"启用"按钮来启动"分级审查"功能。如图 8—31 所示。

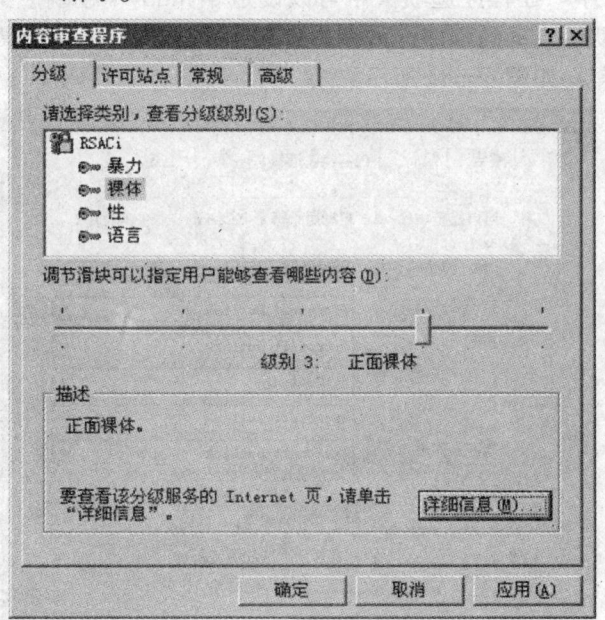

图 8—31 设置分级审查

4)连接 在此面板中,可以对连接做进一步设置和管理,如选中某个连接后,单击"设置"按钮,在打开的面板中可以为连接设置代理服务器。还可以通过单击"局域网设置"进行添加局域网代理服务器等设置。如图 8—32 所示。

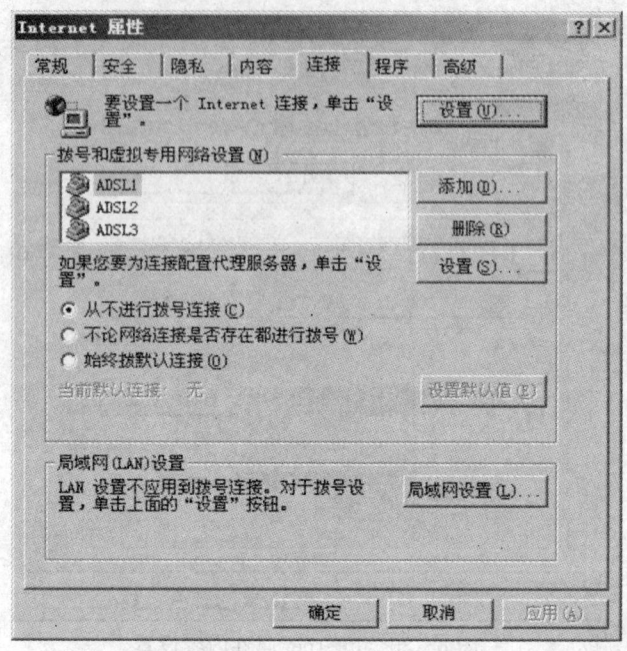

图 8—32 Internet 属性连接设置

5）程序 在程序选项卡中可以设定 Windows 在响应某个 Internet 服务时所默认启动的程序，如用户安装了 FoxMail 邮件工具，就可以在此进行选择。如图 8—33 所示。

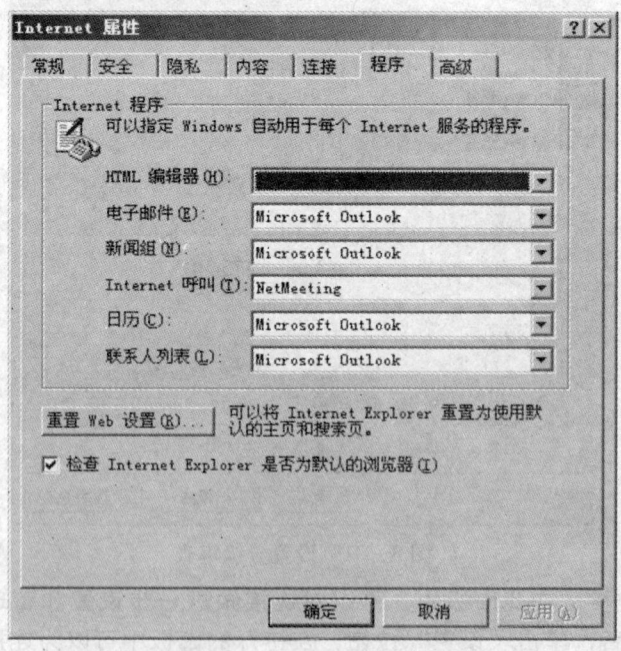

图 8—33 Internet 属性程序设置

6）高级　在"高级"选项卡中，可以对所访问页面的内容进行选择，以提高访问的速度。如在"多媒体"中取消播出动画、播放声音等项目的选择，让浏览器只下载文本，这样就可以大大提高页面的打开速度了。如图 8—34 所示。

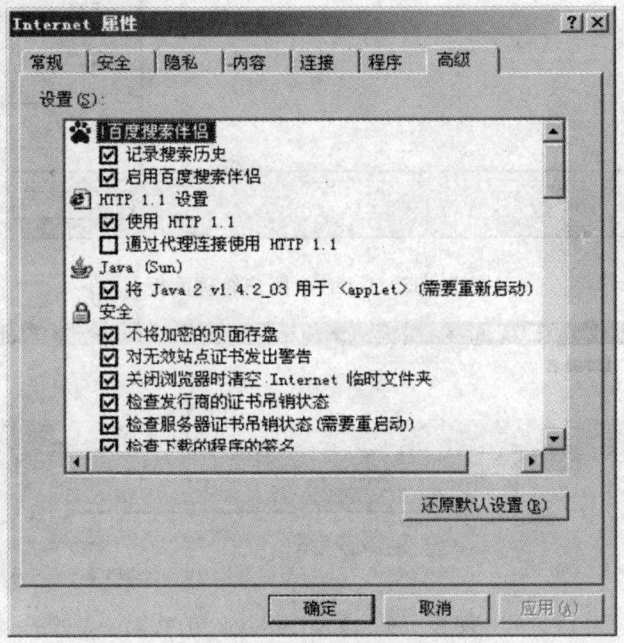

图 8—34　Internet 属性高级设置

3. Outlook 的配置方法

要想在本地收取网络邮箱中的信件，就必须对邮件工具进行设置，以便其能够自动登录到网络邮件中，收发信件。下面以 Outlook 为例说明配置方法。

注意：在设置之前，必须已经申请了网络邮箱。

(1) 设置账号

1) 打开 Outlook，然后选择菜单"工具/账户"。打开账户管理面板，如图 8—35 所示。

单击"添加"按钮，然后选择"邮件"，打开下一级菜单。如图 8—36 所示。

2) 在"显示名"栏中输入用户名称，该名称将会显示在所发邮件的"发件人"字段。单击"下一步"按钮，如图 8—37 所示。

3) 在这里填写的网络邮箱的 POP3 名称和 SMTP 名称，这些信息可以在邮件服务商那里取得。单击"下一步"按钮，如图 8—38 所示。

4) 在此面板中需要填写的是网络邮箱的账户名和密码，勾选"记住密码"，则可以直接登录，而不必每次都输入密码。单击"下一步"按钮，就完成了对邮箱的设置。在下一次打开 Outlook 时，如果已经联网，则会自动进入到用户的网络邮箱，下载新邮件。

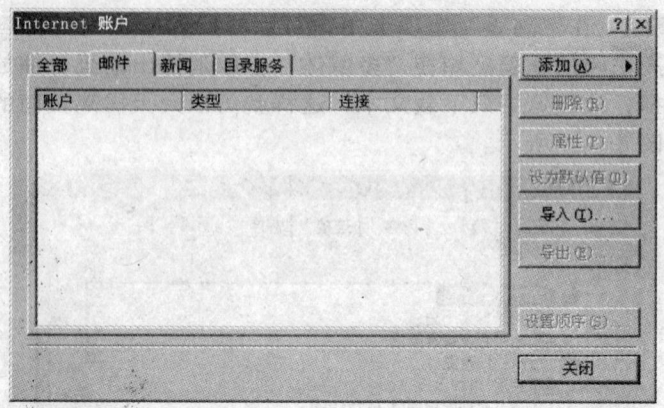

图 8—35　Internet 账户管理面板

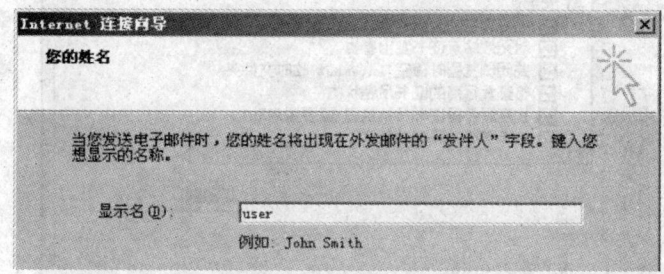

图 8—36　输入 OutLook 用户

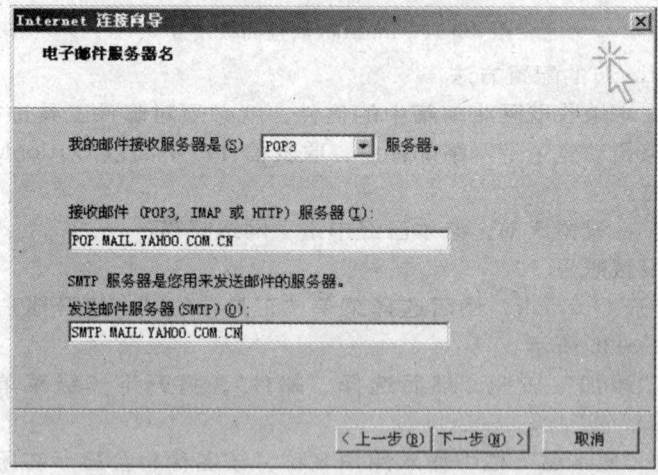

图 8—37　设置 POP3 和 SMTP 服务器

设置好用户账号后，就可以使用 Outlook 进行邮件的收发了。通过窗口顶部的功能按钮可以实现"创建邮件""邮件收发"和"联系人管理"等功能。如图 8—39 所示。

（2）创建邮件

单击"创建邮件"按钮，会弹出创建新邮件的窗口，如图 8—40 所示。

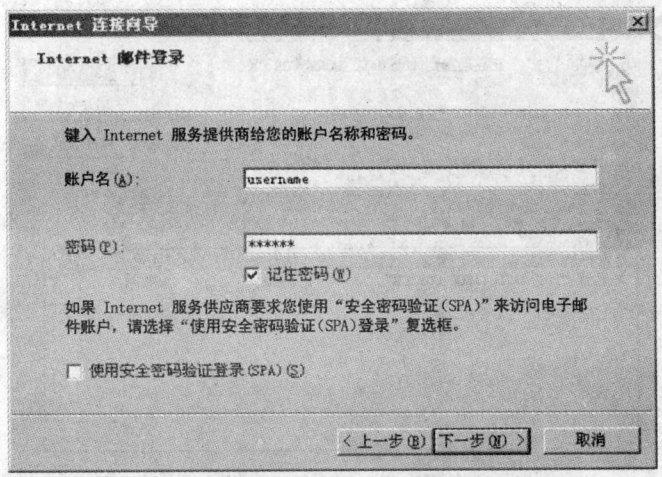

图 8—38　填写账户信息

图 8—39　OutLook 控制栏

图 8—40　邮件编辑窗口

分别填写"收件人""抄送""主题"等信息，然后在下面的正文框中书写邮件正文，最后单击"发送"按钮发送邮件。

（3）发送和接收

单击"发送和接收"按钮，可以启动邮件的收发功能。Outlook 会将网络邮箱中的信件下载到本地，同时将存放在"发件箱"中的邮件发送出去。如图 8—41 所示。

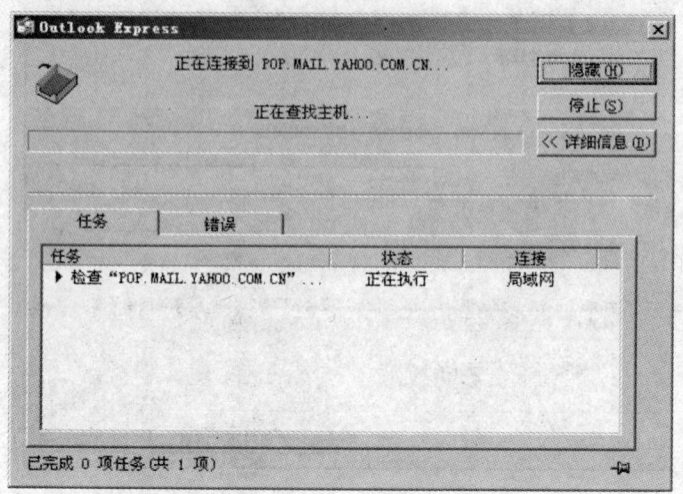

图 8—41　发送和接收邮件

(4) 地址按钮

单击"地址"按钮,会弹出"通讯簿"窗口,在这里可以对联系人进行管理,如图 8—42 所示。

图 8—42　通讯簿窗口

在这里可以创建新的联系人,输入包括姓名、邮件地址、电话等个人信息。还可以对联系人进行分组管理。

(5) 文件夹

在窗口左侧的"文件夹"框中列出了 Outlook 设置的一些文件夹,帮助对邮件进行分类管理。其中包含如下一些文件夹选项:

1) 收件箱　"收件箱"中存放的是所有从网络邮箱中下载的信件。

2) 发件箱　"发件箱"中存放的是已经编辑完毕,但是还没有发送的邮件。可以通过单击"发送和接收"按钮来发送其中的邮件。

3) 已发送邮件　"已发送邮件"中存放了已经发送出去的邮件记录。

4) 草稿　可以将还没有编辑完的邮件存放在"草稿"文件夹中,以便以后继续编辑。

第二节　服务器常见故障排除实例

一、服务器常见硬件故障的诊断与排除

造成服务器故障的因素有很多，查找与排除故障需要根据故障发生时的具体表现。下面列举一些比较常见的问题及其排除方法。

1. 系统无法识别硬件设备

造成这类故障的原因很可能是设备之间的连接线没有插好或其电源线存在接触问题。排除这类问题只需要重新连接设备或更换电源线即可。在平时要注意保证计算机及各外设之间连线接触良好，不要无故拔插电缆。如果发现插脚有氧化的现象，可以使用橡皮或细砂纸去除氧化的表面，以避免出现接触不良。

2. 根据硬件状态指示灯查找故障

如果发现系统运行不正常，则可以通过观察硬件状态指示灯的情况来获取硬件设备的信息，从而找到可能出现问题的部件。

启动电源后，系统会自动完成对各个部件的自检工作，并进行诊断及引导启动代码等工作。硬件设备的检查顺序一般为：高速缓存、中央处理器、总线、内存、I/O 设备等。当系统检测到相关设备时，该硬件的指示灯就会亮起。如硬盘、软盘、磁带机及光驱自检时，可以从前面板上看到相应的灯会亮一下，这表明系统已经识别到上述设备。相反，如果某个驱动器的自检灯没亮，则很可能是该设备出现了问题。

此外，在主机的背面，SCSI 接口卡及网络接口卡也会用灯光来表示相应的状态信息。

3. 根据错误代码查找错误

每次打开电源后，系统都会自动对硬件设备进行自检或初始化。这时如果出现硬件故障，系统将不能正常启动，在屏幕上会显示出相应错误代码及出错信息。绝大部分的硬件错误都能在自检时暴露出来，如果在屏幕上出现 ERROR，并且有 FLT 等字符，则表明有故障发生。此时应根据其故障提示来确定故障点。故障提示一般会出现在屏幕的左下角，其格式为：FLT xxxx（x 代表错误代码）。对这四位错误代码进行分析，则可以进一步检测出故障的情况，有助于查找错误。

下面以 HP9000K 系列为例，对错误代码进行分析，并给出相应的故障原因及解决方案。见表 8—1。

表 8—1　　　　　　　　　　错误代码

故障代码	故障原因	解决方法
1XXX	CPU 或高速缓存故障	更换 CPU 卡 更换系统卡
2XXX	高速缓存故障	更换 CPU 卡 更换系统卡

续表

故障代码	故障原因	解决方法
3XYY	处理器相关故障	更换系统卡
4XYY	自检故障	更换CPU卡
5XYZ	总线传输故障	更换PCA卡或系统卡
7XXX	内存故障	更换内存

二、设置备用服务器

通常情况下,服务器都要求能够长时间的连续运行,这就对服务器的稳定性提出了极高的要求。虽然服务器不论是硬件设备还是与之相配的软件系统都比普通计算机的稳定性要高得多,但还是难免会出现一些故障,而且这些故障发生后有可能使得服务器无法运行或丢失数据,从而带来巨大的损失。为了避免出现这种灾难性的问题,就必须给服务器配备一个"后补",也就是备用服务器。

备用服务器的作用主要有两个,一方面是对主服务器上的数据进行备份,以防止数据丢失或损坏。另一方面就是当主服务器发生故障时,可以联机使用备用服务器。

备用服务器中包含了主服务器的数据库复本。当主服务器因发生故障或需要维护而不能提供服务时,则可以使用备用服务器提供服务。例如,如果主服务器需要硬件或软件升级,需要暂停服务,则可以将所有连接应求切换到备用服务器上。

备用服务器使得用户可以在主服务器停止后继续使用数据库。这时数据库的所有改变都会记录在备用服务器上。当主服务器可以使用后,必须将数据库复本在备用服务器上所发生的任何更改都还原到主服务器上。否则,这些更改都将丢失。当用户重新开始使用主服务器时,应对其数据库进行备份,并再次备份到备用服务器上。

备用服务器的实现主要包括以下三个阶段:

1. 在主服务器上创建数据库,并且备份正在进行的事务

(1)为每个要复制的数据库创建完整数据库备份。

(2)定期为每个要复制的数据库创建事务日志备份。

在主服务器上创建事务日志备份的频率取决于主服务器数据库的事务更改量。如果主数据库中的事务发生频率高,经常备份事务日志,对降低故障中丢失数据的可能性很有帮助。

2. 在备用服务器上备份主服务器的数据库,并对其进行维护

主服务器数据库中的事务日志备份应定期应用到备用服务器上,以保证备用服务器与主服务器保持同步。一旦主服务器或者个别数据库出现故障,备用服务器上的数据库即可用于用户进程。任何不能访问主服务器的用户进程都可转而使用备用服务器。

3. 当主服务器停止服务后,使用备用服务器联机

当主服务器发生故障时,备用服务器上的所有数据库与主服务器完全

同步是不太可能的。一些在主服务器上创建的事务日志备份可能还没有应用于备用服务器。另外，自事务日志上次备份后，主服务器的数据库很可能又有了一些新的改动，尤其是在使用频繁的系统中。所以，在用户使用备用服务器之前，可以用以下方法来使得数据库复本尽量与主服务器同步。

（1）按顺序将在主服务器上创建的、但尚未应用的任何事务日志备份应用到备用服务器上。

（2）在主服务器上创建活动事务日志的备份，并将其应用于备用服务器上的数据库。活动事务日志的备份在应用于备用服务器时，将使用户得以使用故障发生前一刻的主数据库复本，但任何未提交的数据都将永远丢失。

（3）恢复备用服务器上的数据库，使用户得以使用或修改数据库。

第三节　计算机病毒的防治

一、查找病毒的技巧和方法

目前，市面上有许多种预防计算机病毒的工具和软件，并且大多提供在线的升级功能。使用这些软件，可以有效预防和清除病毒。但是即便如此，也不能将计算机的安全完全交给杀毒软件。因为病毒是永远超前于杀毒软件的，只有当病毒出现并造成一定的影响后，杀毒软件才会针对这个病毒推出升级程序。所以就算使用了最新杀毒软件并且安装了防火墙，用户还是无时无刻不处于病毒的威胁之下。在这种情况下，学会如何识别病毒并掌握一些应急的处理方法就显的格外重要了。下面就来介绍如何在使用计算机的过程中及时发现病毒，及发现病毒后的处理方法。

1. 系统和常用软件的打开速度不正常

（1）症状分析

如今的主流机型的运算速度还是比较理想的，一般都能很快的进入系统或打开常用的软件。如果在使用时发现系统并没有打开太多的窗口，但启动或处理文件的速度忽然慢了下来，尤其是显示软件版权时出现了停顿，这时就应提高警惕，首先检查计算机是否中了病毒。

（2）处理办法

发现病毒后一定不要立刻关机，因为一旦病毒发作将可能导致无法进入系统。此时应立刻备份重要文档和硬盘分区表等文件到其他的存储体上，并用多种杀毒软件进行清查。然后关闭计算机，再用安全的系统盘进行启动，使用杀毒软件再查杀一次，以确保计算机的安全。

2. 查看系统基本内存

（1）症状分析

打开"命令提示符"的 DOS 操作窗口，然后输入"MEM"来查看系统的基本内存。如果其总和少于 640 KB，则有可能感染了驻留引导区或内存的病毒。引导区病毒是十分难以防范和清除的，它在用户刚刚打开计算机，Windows 还未启动之前就已经被激活了。

（2）处理办法

对付此类病毒应使用那些可以查杀系统引导区病毒的杀毒软件进行清查。

3. 感染了蠕虫或木马病毒

(1) 症状分析

当计算机感染了蠕虫或木马病毒后，病毒可能会利用计算机发送垃圾邮件或进行远程数据存取。这时可能会在发件箱中看到一些并不是自己所发的信件，而这些信件正是蠕虫病毒搞的鬼。此外，还可以通过 Modem 的状态灯来查到病毒的蛛丝马迹。Modem 的状态灯闪烁表示计算机正在接收和发送数据，但如此时并没有进行任何操作，则有可能是网络黑客正通过木马后门进入到计算机中。

(2) 处理办法

发现此类情况时应立即断开网络，以防止将病毒发给他人或造成更大的损失。然后使用杀毒软件进行清查。

4. 邮件或网页形式的病毒

(1) 症状分析

对这类病毒，防火墙可能无法起到阻挡的作用，因为病毒制造者直接使用带有恶意 HTML 的代码来编写邮件或网页。通过调用 ActiveX 技术，达到破坏的目的。这类病毒邮件并不需要打开"附件"，只要点击了邮件，在打开的过程中病毒就已经被激活了，所以防范起来也更加困难。

(2) 处理办法

预防此类病毒的根本办法就是将 Internet 的安全级别设置为"高"，或禁止使用 ActiveX 插件，当然这会给浏览网页带来一些不便。此外也不要去打开那些来历不明的信件，最好直接将其删除。

二、清除病毒的方法和步骤

当发现计算机感染了病毒后，切不可盲目行动，应按照正确的步骤来清除病毒，以免错过清除病毒的最佳时机或造成更大的损失。

1. 立即断开网络

当发现自己的计算机感染了病毒后，应立即断开网络连接。这样做不仅可以防止病毒进一步扩散给其他人，也是防止网络黑客侵入计算机的根本办法。

2. 备份文件

接下来应对重要文档进行备份。暂时不要退出 Windows，因为一旦病毒发作，很可能导致无法进入系统。最好能将文件备份到其他的存储体上，如 U 盘、移动硬盘或刻录光盘等，以确保数据安全。

3. 使用杀毒软件

做好前面的准备工作后，就可以使用杀毒工具对计算机进行清查了。之所以将杀毒的工作放在备份之后，是因为杀毒软件在清除病毒的同时有可能会损坏相应的文件。如果有必要对杀毒软件进行升级（如图 8—43 所示），最好用其他计算机进行上网更新，然后再安装到被感染的计算机上。

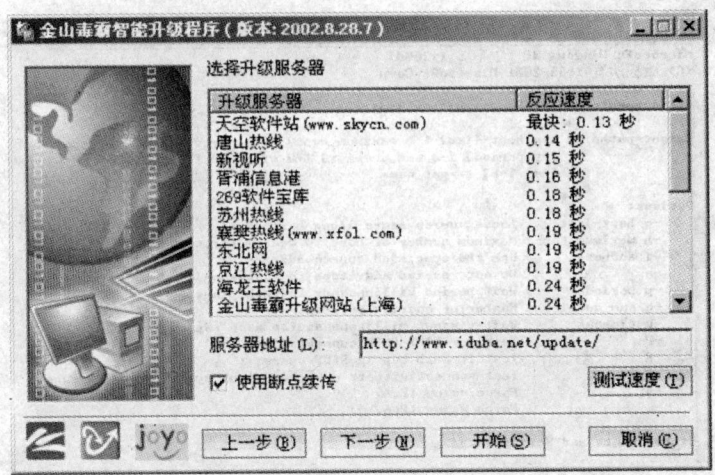

图 8—43 杀毒软件的升级

再清查一遍后重新启动计算机，但这次要用一张干净的引导盘来引导系统。启动后再进行一次病毒查杀，以求彻底的清除。

4. 更改密码

确定计算机中的病毒已经完全清除之后，管理员的工作仍没有全部做完。还需要对一些密码和个人信息进行修改，包括拨号连接的账户名、密码、邮箱及其他个人信息。因为很多蠕虫病毒发作后会将个人信息向外发送出去，造成更大的安全隐患。

第四节　网络实用工具命令的使用

1. Pathping 命令使用

(1) 单击"开始"按钮，在"运行"中输入"cmd"，或在"所有程序"的"附件"中打开"命令提示符"。

(2) 输入"Pathping"显示参数如图 8—44 所示。

(3) 使用"Pathping"命令+IP 地址显示路由状况，如图 8—45 所示。

2. Net 命令使用

(1) 运行网络操作系统 Windows 2000 Server。

(2) 单击"开始"按钮，在"运行"中输入"cmd"，或在"所有程序"的"附件"中打开"命令提示符"。

(3) 在"命令提示符"下输入"net/?"，查看其所有可用的"net"命令的列表，如图 8—46 所示，在其后加入参数并运行之。

(4) 在"net"后加入参数"User"查看用户，如图 8—47 所示。

3. Netsh 命令使用

(1) 单击"开始"按钮，在"运行"中输入"cmd"，或在"所有程序"的"附件"中打开"命令提示符"。

(2) 在"命令提示符"下输入"netsh/?"，查看其所有可用的

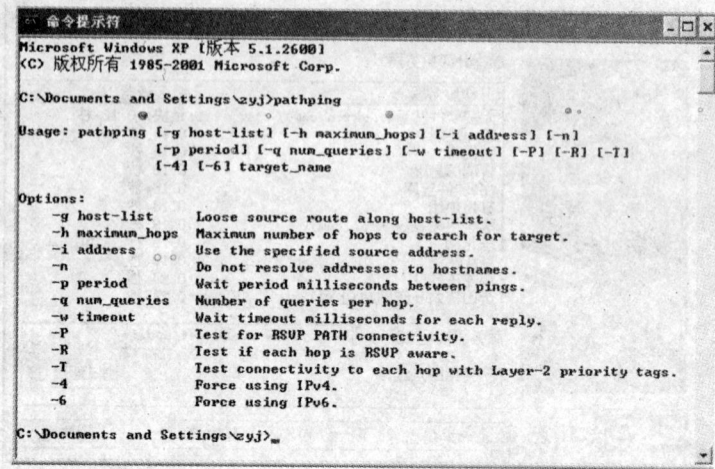

图 8—44 显示 Pathping 参数

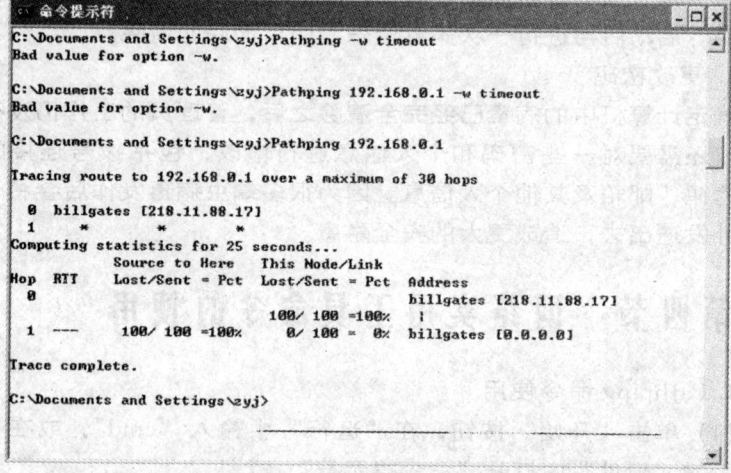

图 8—45 Pathping 命令显示路由状况

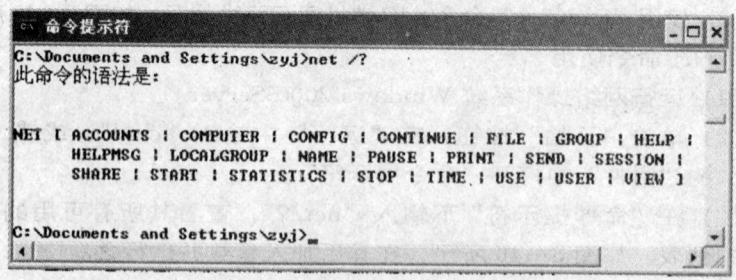

图 8—46 net 命令参数的显示

"netsh"命令的列表，如图 8—48 所示。

（3）使用"netsh"命令＋参数"show helper"显示信息，如图 8—49 所示。

第八单元 服务器和网络终端设备维护的操作技能

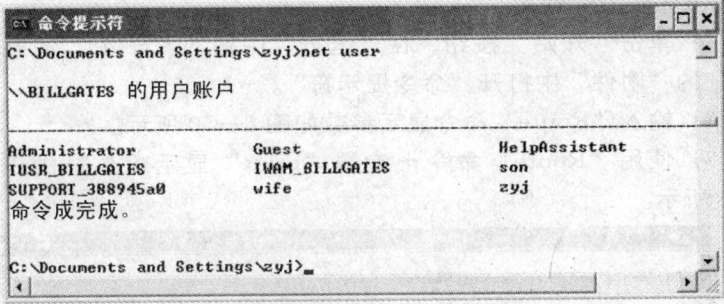

图 8—47 用 Net User 查看用户

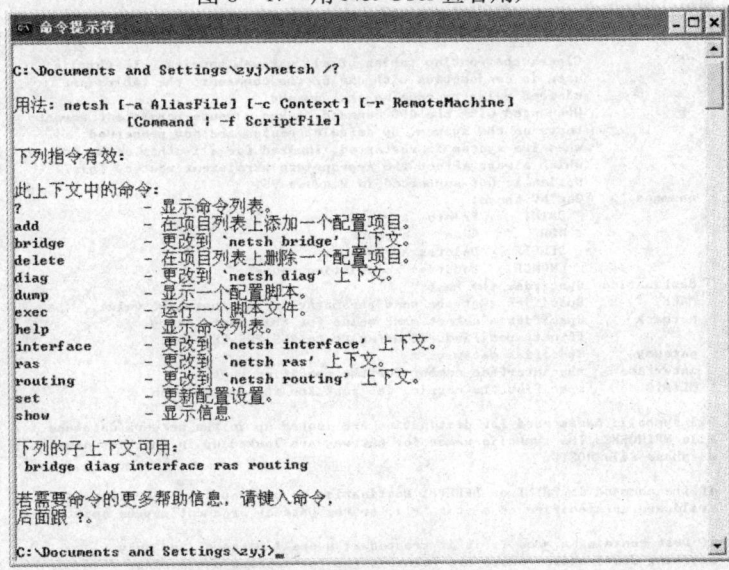

图 8—48 netsh 命令参数显示

图 8—49 netsh 命令和参数 show helper 的使用

4. Route 命令使用

(1) 单击"开始"按钮，在"运行"中输入"cmd"，或在"所有程序"的"附件"中打开"命令提示符"。

(2) 输入"Route"命令显示参数如图 8—50 所示。

(3) 使用"Route"命令＋参数"print"显示永久路由表，如图 8—51 所示。

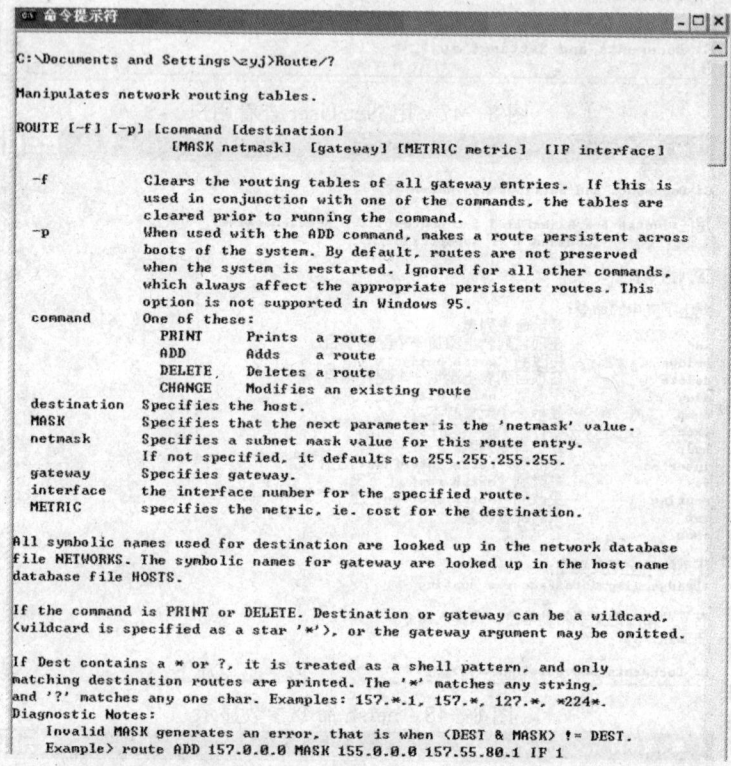

图 8—50　Route 命令参数显示

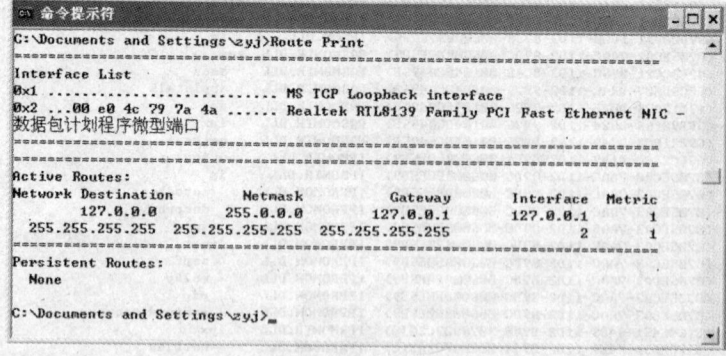

图 8—51　用 route 命令显示永久路由表